Cursor+
Windsurf
AI敏捷开发实战

极速打造全栈应用

孙志华◎编著

化学工业出版社

·北京·

内 容 简 介

本书是一部融合AI辅助编程与低代码开发的实战型图书，专为希望提升开发效率、掌握前沿工具的全栈开发者量身打造。全书围绕两大平台（Cursor + Windsurf）展开，涵盖5个开发项目+2个测试项目的实战案例，提供30多个功能模块拆解与实现策略，帮助读者从基础环境配置到完整项目落地，全面掌握AI驱动下的敏捷开发流程。

本书聚焦当下项目开发者面临的三大痛点——开发效率低、前后端协作烦琐、缺乏实战经验，通过引入Cursor的自然语言转代码、实时代码建议与AI自动化测试能力，显著提升代码生成速度与准确率；同时借助Windsurf可视化组件体系与低代码模式，大幅简化前端开发流程，实现界面搭建与业务逻辑的高效联动。通过丰富的实战案例，讲解AI开发工具使用的关键技能，真正做到"学即能用"，还系统讲解AI提示词工程的实用技巧与上下文优化方法，帮助开发者写出更高质量的提示词，掌控AI编程输出的逻辑与结构。

本书不仅适合前端、全栈开发者进阶提升，也适合对AI开发、低代码平台感兴趣的入门者快速上手，是一本融合智能开发、敏捷落地与真实项目实操于一体的高效学习指南。

图书在版编目(CIP)数据

Cursor+Windsurf AI敏捷开发实战 ： 极速打造全栈
应用 / 孙志华编著. -- 北京 ： 化学工业出版社，2025.
11. -- ISBN 978-7-122-49074-2

Ⅰ. TP18

中国国家版本馆CIP数据核字第2025F3N108号

责任编辑：杨 倩	封面设计：昇一设计
责任校对：李雨晴	装帧设计：盟诺文化

出版发行：化学工业出版社（北京市东城区青年湖南街13号　邮政编码100011）
印　　装：河北延风印务有限公司
710mm×1000mm　1/16　印张15¾　字数410千字　2025年10月北京第1版第1次印刷

购书咨询：010-64518888　　　　　　　　售后服务：010-64518899
网　　址：http://www.cip.com.cn

定　　价：89.00元

写在AI席卷开发世界的转折点上

我开始写这本书时，正是2025年年初。那段时间，我身边的很多程序员朋友都在讨论一个问题："AI会不会取代开发者？"更有一些初入职场的年轻人向我倾诉焦虑："我才学完React，已经能用ChatGPT写整套页面了，我还需要学吗？"

我理解他们的焦虑。作为一名从传统开发模式一路走来的程序员，我也曾在深夜写代码时突然被一个问题困住，被文档的"坑"卡住；我也曾在连续加班的项目中反复调试一个微不足道的样式差异，只为满足客户一个"不确定的"需求。为提速提效，我开始研究AI辅助开发，于是AI辅助编程工具与低代码平台逐渐进入了我的视野。在我看来，这不是"取代"，而是"进化"。

我想对每一个开发者说，我们正处在一个需要"重新学习"的节点上。一方面，AI技术正以前所未有的速度融入开发流程。以Cursor为代表的智能编程工具早已不只是一个编辑器，而是一个"智能搭档"，开发者可以用自然语言告诉它自己想实现什么，它会迅速生成框架；也不再需要反复查询语法细节，它能帮开发者补全代码、发现逻辑漏洞，甚至提供调试建议。另一方面，像Windsurf这样的低代码平台也在不断颠覆传统的前端开发模式。过去需要花两三天搭建的界面，现在只需拖拽组件、编写少量逻辑就能快速完成。

这并不意味着"程序员不再重要"，恰恰相反，只有愿意主动适应新工具、掌握新方法的开发者，才能在这个变化剧烈的时代里持续进步。不会用AI的开发者，注定会被用AI的开发者取代。这不是危言耸听，而是事实。

写这本书是一次个人转型的记录，也是一次知识的分享。当我开始尝试将Cursor和Windsurf引入实际项目的时候，一开始，我也像很多人一样，不太信任AI，总觉得它写的代码"不靠谱""不专业"。但当我真正学会如何设计提示词、如何让AI理解上下文、如何用AI快速完成页面的搭建时，我彻底被说服了。

- 一个页面结构，只需一句自然的语言；
- 一个数据接口，可以在一分钟内生成并调试完毕；
- 一个项目原型，从设计到前端实现，不再需要几天，而是只需要几个小时。

任何一个愿意去学、敢于去试的开发者都可以做到。我把这些方法、技巧和经验写下来，不是为了炫技，而是为了告诉更多人："AI+开发不是威胁，而是机会，只要掌握方法，它就是个人能力的放大器"。

你可能会问我："为什么选这两个平台？"我的答案是："它们代表了'开发的新范式'"。Cursor是目前市场上少数真正适用于高效开发的AI IDE之一。它不仅可以生成代码，更能理解语义、分析上下文、做出结构性建议，这种能力是传统编辑器无法比拟的。而Windsurf则是我在前端开发低代码探索中最满意的工具之一。它不像传统低代码那样"封闭"，反而保留了大量"可拓展性"与"代码自由"，非常适合既追求效率又希望有技术积累的开发者。之所以要"现在"学，是因为这些工具早已进入了大厂的开发流水线，也正在改变中小团队的工作流程。未来的招聘要求不再是"你懂不懂JavaScript"，而是"你是否能用AI+开发工具快速构建可落地的业务产品原型"；不再会问"你熟不熟某个框架"，而是会问"你能不能在一天内做出一个可交付的产品"。

这本书正是为"现在的你"准备的。越早掌握，就越能领先一步。

关于这本书：你会学到什么？

这本书围绕两大核心技术Cursor + Windsurf展开，具体包含以下内容。

- 5个开发项目+2个测试项目实战：从个人主页、天气预报、待办事项，到Markdown编辑器与番茄时钟，每一个项目都拆解得很细致，贴合真实应用。
- 30多个功能模块拆解：包括界面布局、状态管理、API接入、本地存储、组件美化等，全面覆盖日常开发常见难点。
- AI提示词工程全攻略：手把手教你如何编写高效提示词、优化上下文、提高代码生成质量。
- 自动化测试实战演练：通过Cursor与Windsurf完成端到端测试流程，让你具备上线级开发能力。

无论是希望学习AI开发的新手，还是希望提高效率的在职程序员，这本书都能让你掌握一套真正落地、实用、可复制的智能开发方法。

学习不只是为了工作，更是为了不被替代

写书是一件很慢的事，而开发正在变得越来越快。我倾尽"洪荒之力"快速整理、打磨本书内容，就是为了让大家跟上AI时代的步伐，跑得更快、更稳、更安全。

希望读完这本书的你，能够用一句自然语言快速搭建一个页面；用AI高效生成、调试、测试一批功能模块；在短时间内独立完成一个完整可交付的全栈应用；不再害怕AI，而是学会"与AI共舞"。

未来不是由"最勤奋的人"掌握的，而是由"最适应变化的人"掌握的。我希望通过这本书，我们都能成为那个"更适应未来的人"。愿这本书成为你迈向智能开发时代的起点。

孙志华

2025年9月

目录
CONTENTS

第1章
Cursor 平台使用基础与环境配置

1.1 Cursor 环境配置

　　Cursor平台是一款集成了代码开发与人工智能（Artificial Intelligence，AI）协作的创新型开发工具，通过大量机器学习算法与自然语言处理技术，为开发者提供智能化的编程体验。Cursor开发平台作为新一代智能编程工具的代表，正在重新定义现代软件开发流程，集成了先进技术和用户友好的开发环境，为开发者提供了一个高效的编程工具。Cursor不仅简化了代码编写过程，还通过内置的AI助手提升了用户体验和开发效率，通过深度整合人工智能技术与传统集成开发环境，为开发者带来革新性的编程体验。

　　Cursor平台的核心在于其对现代软件开发流程的理解与支持。它允许开发者在直观且易于操作的界面上进行编码工作，同时提供了丰富的应用程序接口（Application Programming Interface，API）和库函数，以满足不同项目的需求。Cursor强调协作的重要性，支持团队成员间的无缝合作，确保代码的一致性和项目的高效推进。Cursor平台采用了最新的编译器优化技术，能够显著提高代码执行速度，减少资源消耗。平台具备智能错误检测机制，能够在编译阶段就发现并提示潜在的问题，帮助开发者提前规避风险。更重要的是，Cursor支持多语言环境，适应了全球范围内多样化编程语言共存的现状，使得跨语言项目管理更加便捷。

　　值得一提的是，Cursor内置的 AI 助手是平台的一大亮点。此功能不局限于简单的代码补全或语法检查，还能够理解上下文并给出具有针对性的建议。例如，在遇到复杂的算法实现时，AI助手可以提供优化思路；当面临性能瓶颈时，则能指出可能存在的问题及解决方案。AI助手的存在极大地降低了学习难度，使新手也能迅速掌握高级编程技巧。

　　在人工智能赋能方面，Cursor平台运用先进的自然语言处理算法，能够精准地理解开发者的编程意图。通过持续优化的机器学习模型，平台可以自动生成符合开发需求的代码片段，大幅减轻重复性工作负担。这种智能辅助不仅提升了开发效率，更为编程过程注入了创新活力。

　　在编程语言的支持上，Cursor展现出了极强的包容性和适应性。无论是Python、JavaScript等脚本型语言，还是Java、C++等编译型语言，都能获得细致入微的代码补全建议与智能提示。这种全方位的语言支持确保开发者在不同技术栈之间切换时，依然能保持连贯流畅的开发节奏。

　　在协作功能方面，Cursor构建了完整的团队开发生态。多人实时协作功能让开发团队得以即时共享工作空间，交流代码思路。通过无缝集成分布式版本控制系统（Git）等主流版本控制系统，平台简化了代码分支管理与项目合并流程，使团队协作更加顺畅高效。

　　就核心性能而言，Cursor采用成熟稳定的编辑器内核架构，在保证高性能的同时提供丰富的功能扩展性。这种设计既确保了与现有开发工具生态的兼容性，又为未来功能的演进预留了充足的空间。无论是插件集成还是调试工具的连接，都展现出极强的灵活性。

随着软件开发复杂度的不断提升，Cursor这类融合了人工智能的现代开发工具正成为提升开发效率、降低技术门槛的重要助力。Cursor 平台凭借其独特的设计理念和技术实现，为开发者提供了一个强大而灵活的工作环境。通过持续创新和技术迭代，Cursor正在为软件开发领域带来更多的可能性。

1.2 Cursor 开发环境搭建

使用 Cursor平台，开发者需要完成一系列环境配置工作。首先，需要根据官方文档指导安装必要的依赖项和组件，确保系统满足最低运行要求。接着，按照指示下载并安装Cursor IDE（集成开发环境），这一步骤通常包括选择合适的版本、设置工作空间等。最后，激活账户并登录，此时可以访问一系列预装的模板和示例项目，有助于用户快速上手。Cursor平台的部署与配置过程需要遵循一定的系统性步骤，通过合理规划能够确保开发环境的完整性与稳定性。

Cursor开发工具的安装与使用过程简洁明了，通过规范的步骤即可完成从下载到使用的全过程。

步骤1：首先，访问Cursor官方网站获取安装程序。在官方网站首页可以找到下载按钮，单击后系统会自动识别操作系统类型，并下载适配的安装包（见图1-1）。下载完成后，双击安装包启动安装程序，软件将自动进入安装向导界面。

图 1-1　安装程序下载页面

步骤2：接下来安装向导采用标准的分步安装模式，用户只需按照提示依次确认安装选项。在此过程中，可以选择安装路径、是否创建桌面快捷方式等基本配置（见图1-2）。完成这些设置后，单击"Continue"按钮继续安装（见图1-3），系统将自动完成文件的解压与程序配置。

步骤3：安装完成后，首次启动Cursor会显示登录界面。登录系统支持多种验证方式，包括邮箱账号登录、GitHub账号关联等（见图1-4）。选择合适的登录方式（见图1-5）后，输入相应的账号信息即可进行身份验证（见图1-6）。对于新用户，也可以选择注册新账号，填写必要的个人信息完成注册。

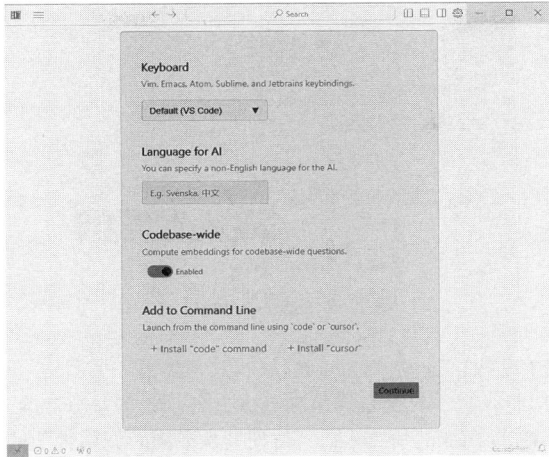

图 1-2　安装软件的基本配置

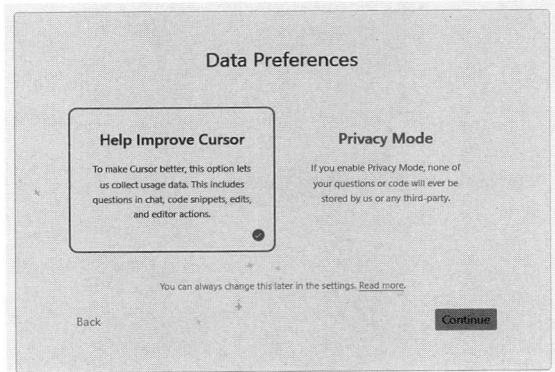

图 1-3　继续安装

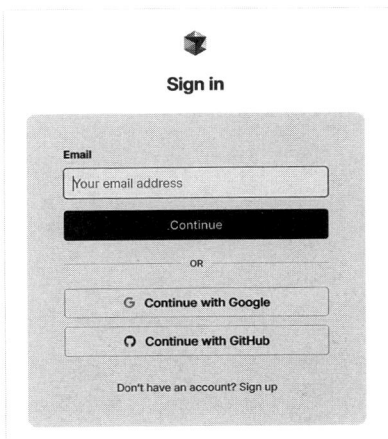

图 1-4　登录页面

图 1-5　登录方式

图1-6　进行身份验证

步骤4：成功登录（见图1-7）后，Cursor会展示其主界面（见图1-8），包含代码编辑区、文件树、终端等核心功能区域。界面布局清晰直观，各功能模块分布合理，便于用户快速上手。主界面还集成了AI辅助功能的快捷入口，方便开发者随时调用智能辅助功能。

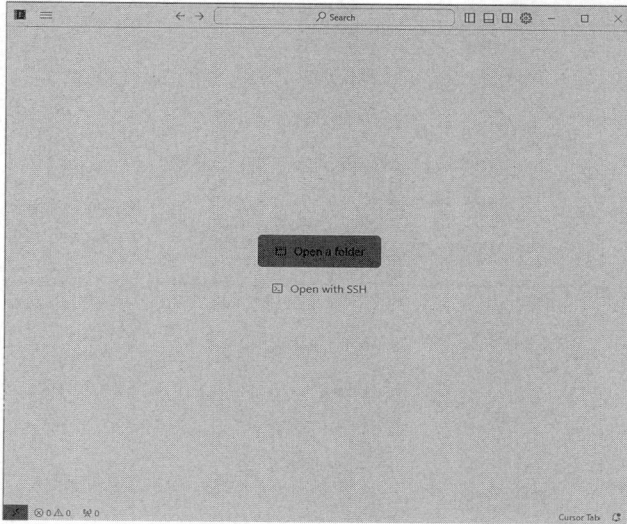

图1-7　登录后的软件主界面

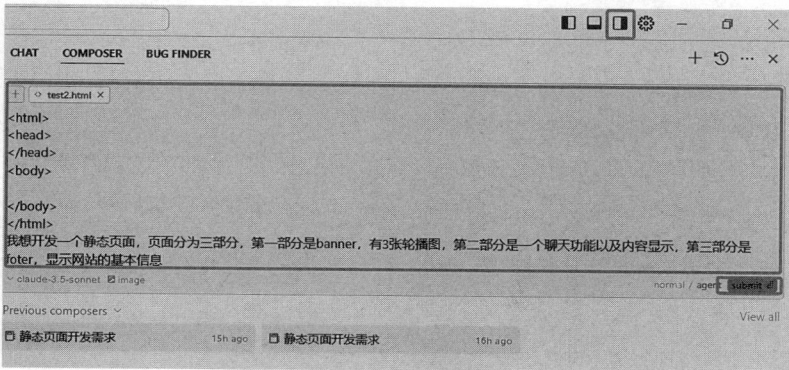

图1-8　Cursor会展示其主界面

整个安装与登录流程设计简洁高效，充分考虑了用户体验，使得开发者能够快速完成环境配置，投入到实际开发工作中。这种流畅的初始化体验，为后续的开发工作奠定了良好的基础。

环境依赖配置是确保开发顺利进行的关键环节。对于Python项目，需要安装相应版本的Python解释器并配置PiP（包管理工具）；前端开发则需要部署Node.js运行环境，同时配置Node包管理器（Node Package Manager，NPM）或Yarn等包管理器。合理的依赖管理不仅能提升开发效率，还能确保项目的稳定性和可维护性。

版本控制系统的配置同样不容忽视。在完成Cursor的基础安装后，及时配置Git环境并与远程代码仓库建立连接至关重要。无论是选择GitHub、GitLab还是Gitee等平台，都需要正确配置远程仓库地址，以实现代码的实时同步与团队协作。这一步骤对于保证项目版本管理的规范性具有重要意义。

为进一步提升开发效率，用户可以根据具体项目需求选择安装适当的插件和扩展工具。代码格式化插件能够确保代码风格的一致性，调试工具可以帮助用户快速定位并解决问题，而单元测试插件则有助于保证代码质量。通过精心选择并配置这些辅助工具，能够显著减少重复性工作，提高开发效率。

合理的环境配置不仅能够提供流畅的开发体验，更能为后续的项目开发奠定坚实的基础。随着项目规模的扩大和团队成员的增加，前期的环境配置工作显得尤为重要。通过细致的规划与配置，开发者能够充分发挥Cursor平台的技术优势，为软件开发提供有力支持。

1.3　Cursor AI 助手功能

Cursor平台集成的人工智能助手系统是一项革新性的技术突破，该系统通过深度学习算法为软件开发全流程提供智能化支持。

在代码编写阶段，AI助手能够实时分析开发者的编程意图，主动提供代码补全建议。这种智能提示不局限于简单的语法补全，而是能够理解更深层的语义结构，从而推荐更有价值的代码片段。当开发者描述特定功能需求时，AI助手还能生成完整的代码实现方案，从而大幅提升编程效率。

在代码调试环节中，AI助手发挥着重要的辅助作用。通过分析错误信息和代码上下文，智能系统能够快速定位问题所在，并提供可能的解决方案。这种智能化的调试建议不仅可以帮助开发者节省排查时间，也能作为开发者学习的参考，提升其问题解决能力。

在项目重构与优化方面，AI助手表现出独特的优势。系统能够自动识别代码中可能存在的性能瓶颈、重复逻辑或不规范的写法，并给出改进建议。这种持续优化的特性有助于开发者提升代码质量，降低技术债务累积的风险。

在编写文档的过程中，AI助手同样提供了有力的支持。通过分析代码结构和注释，系统能够自动生成符合规范的文档框架，包括函数说明、参数描述等关键信息。这不仅提高了文档的编写效率，也保证了文档的准确性和完整性。

在技术学习与能力提升方面，AI助手扮演着智能导师的角色。当开发者遇到新的技术概念或使用不熟悉的框架时，系统能够提供相关技术解释和使用示例。这种即时学习支持加速了开发者对技术掌握的过程，缩短了学习周期。

通过这些智能化功能的有机结合，Cursor平台的AI助手正在重新定义现代软件开发模式。随着人工智能技术的不断进步，这类智能辅助系统将在提升开发效率、保证代码质量方面发挥越来越重要的作用。

1.3.1　代码智能补全

Cursor平台的智能分析系统在代码编写过程中展现出了卓越的预测能力，通过多维度的上下文解析为开发者提供精准的编程辅助。

在编辑代码的过程中，系统会持续分析当前文件的历史变更记录及实时编辑状态。基于这些信息，系统能够准确预测开发者可能需要使用的函数名称、变量定义及相关语法结构。这种智能预测机制显著减少了重复性的手动输入工作，使得编程过程更加流畅、高效。

更为先进的是，Cursor的语义分析功能突破了传统代码补全的局限。系统不再仅仅依赖简单的关键词匹配，而是通过深度理解程序的逻辑结构，提供更有价值的建议。例如，当开发者开始定义一个新的类时，系统能够基于上下文自动推导并生成完整的类结构框架，包括构造方法、成员变量和必要的接口实现。

这种深层次的语义理解还体现在函数补全方面。通过分析函数的调用场景和数据流向，系统能够智能地推荐合适的参数类型和返回值定义。这不仅加快了代码的编写速度，更重要的是能够预防潜在的类型错误和逻辑漏洞。

在实际开发中，这种智能化的代码补全机制极大地提升了编程效率。开发者可以将更多精力集中在核心业务逻辑的设计上，而将烦琐的代码结构搭建工作交给AI助手完成。这种协作模式既保证了开发质量，又显著提升了开发效率。

随着项目的推进，开发者根据使用需求逐步训练大模型，系统的预测准确度会不断提升。通过持续学习开发者的编程习惯和项目特点，Cursor能够提供越来越贴合实际需求的智能建议，使得编程过程更加顺畅自然。这种进化式的辅助体验正在为软件开发领域带来革命性的变化。

比如，开发一款聊天应用，通过使用Bootstrap框架，实现网页布局和样式的响应式设计，能够适应不同设备的屏幕尺寸。在首页，通过动态轮播图展示不同的图片，为用户提供了良好的视觉体验。网站还包含一个聊天界面，模拟了AI对话功能，方便用户与网站进行互动。网站的侧边栏展示了最新的公告信息，而页面底部则包含网站的相关信息和联系方式。该网站通过简单的超文本标记语言（HyperText Markup Language，HTML）和层叠样式表（Cascading Style Sheets，CSS）实现了基本的页面结构，并且通过JavaScript和Bootstrap的集成实现了交互功能。

通过Cursor，无论是初学者还是有一定编程经验的用户，都能够通过扩展该模板，打造出符合个人需求的网页，案例代码如下。

```html
<!DOCTYPE html>
<html lang="zh">
<head>
    <meta charset="UTF-8">
    <meta name="viewport" content="width=device-width, initial-scale=1.0">
    <title> 我的网站 </title>
    <!-- Bootstrap CSS -->
    <link href="https://cdn.jsdelivr.net/npm/bootstrap@5.3.0/dist/css/bootstrap.min.css" rel="stylesheet">
    <style>
        /* 自定义样式 */
        .banner {
            margin-bottom: 2rem;
        }
```

```
        .carousel-item img {
            height: 400px;
            object-fit: cover;
        }
        .chat-section {
            min-height: 500px;
            padding: 2rem 0;
            background-color: #f8f9fa;
        }
        .chat-container {
            height: 400px;
            overflow-y: auto;
            border: 1px solid #dee2e6;
            border-radius: 0.25rem;
            padding: 1rem;
            background-color: white;
        }
        .message {
            margin-bottom: 1rem;
            padding: 0.5rem;
            border-radius: 0.25rem;
        }
        .message-received {
            background-color: #e9ecef;
            margin-right: 20%;
        }
        .message-sent {
            background-color: #007bff;
            color: white;
            margin-left: 20%;
        }
        .footer {
            background-color: #343a40;
            color: white;
            padding: 2rem 0;
            margin-top: 2rem;
        }
    </style>
</head>
<body>
    <!-- Banner 部分 - 轮播图 -->
    <section class="banner">
        <div id="mainCarousel" class="carousel slide" data-bs-
ride="carousel">
            <div class="carousel-indicators">
                <button type="button" data-bs-target="#mainCarousel" data-bs-
slide-to="0" class="active"></button>
                <button type="button" data-bs-target="#mainCarousel" data-bs-
slide-to="1"></button>
                <button type="button" data-bs-target="#mainCarousel" data-bs-
slide-to="2"></button>
            </div>
            <div class="carousel-inner">
                <div class="carousel-item active">
                    <img src="https://picsum.photos/1200/400?random=1"
class="d-block w-100" alt="Banner 1">
                </div>
```

```
                    <div class="carousel-item">
                            <img src="https://picsum.photos/1200/400?random=2"
class="d-block w-100" alt="Banner 2">
                    </div>
                    <div class="carousel-item">
                            <img src="https://picsum.photos/1200/400?random=3"
class="d-block w-100" alt="Banner 3">
                    </div>
            </div>
                    <button class="carousel-control-prev" type="button" data-bs-
target="#mainCarousel" data-bs-slide="prev">
                    <span class="carousel-control-prev-icon"></span>
                    <span class="visually-hidden">Previous</span>
            </button>
                    <button class="carousel-control-next" type="button" data-bs-
target="#mainCarousel" data-bs-slide="next">
                    <span class="carousel-control-next-icon"></span>
                    <span class="visually-hidden">Next</span>
            </button>
        </div>
    </section>

    <!-- 聊天部分 -->
    <section class="chat-section">
        <div class="container">
            <div class="row">
                <div class="col-md-8">
                    <div class="chat-container">
                        <div class="message message-received">
                            你好！欢迎访问我们的网站。
                        </div>
                        <div class="message message-sent">
                            谢谢！请问有什么可以帮助您的吗？
                        </div>
                        <!-- 更多消息可以在这里添加 -->
                    </div>
                    <div class="mt-3">
                        <div class="input-group">
                                <input type="text" class="form-control"
placeholder="输入消息……">
                            <button class="btn btn-primary">发送</button>
                        </div>
                    </div>
                </div>
                <div class="col-md-4">
                    <div class="card">
                        <div class="card-header">
                            最新内容
                        </div>
                        <div class="card-body">
                            <ul class="list-group list-group-flush">
                                <li class="list-group-item">最新公告 1</li>
                                <li class="list-group-item">最新公告 2</li>
                                <li class="list-group-item">最新公告 3</li>
                            </ul>
                        </div>
```

```html
                    </div>
                </div>
            </div>
        </div>
    </section>

    <!-- Footer 部分 -->
    <footer class="footer">
        <div class="container">
            <div class="row">
                <div class="col-md-4">
                    <h5> 关于我们 </h5>
                    <p> 这是一个示例网站，展示了基本的网页布局和功能。</p>
                </div>
                <div class="col-md-4">
                    <h5> 联系方式 </h5>
                    <p> 邮箱: example@example.com<br>
                    电话: 123-456-7890</p>
                </div>
                <div class="col-md-4">
                    <h5> 关注我们 </h5>
                    <p> 微信公众号：示例公众号 <br>
                    微博：@ 示例微博 </p>
                </div>
            </div>
            <div class="row mt-3">
                <div class="col text-center">
                    <p>&copy; 2024 我的网站 . All rights reserved.</p>
                </div>
            </div>
        </div>
    </footer>

    <!-- Bootstrap JS -->
        <script src="https://cdn.jsdelivr.net/npm/bootstrap@5.3.0/dist/js/
bootstrap.bundle.min.js"></script>
    </body>
    </html>
```

在此基础上，运用代码智能补全技术来完善代码。首先单击界面右上角相应的按钮，在输入区域提交待补全的代码和具体需求。系统会立即响应并提供智能推荐的代码片段。这些推荐内容不仅包含基础代码结构，还配备了清晰的注释说明，有助于开发者了解代码的功能和用途。

开发人员确认采纳系统提供的代码建议后，即可进入代码运行阶段（见图1-9）。通过集成开发环境提供的运行功能，开发人员可以快速启动本地服务器。随后在浏览器中打开相应的地址，即可看到代码的实际运行效果。这种即时预览的特性，使得开发人员能够及时验证代码的正确性，并根据需要进行调整和优化。

整个过程体现了开发工具的智能化特征，不仅提供代码补全建议（见图1-10），还融合了实时运行（见图1-11）和效果预览功能（见图1-12）。这种流畅的开发体验显著提升了编程效率，减少了常见错误，使得开发工作更加顺畅。

```
html / ...
<!DOCTYPE html>                                          Accept Ctrl+Shift+Y    Reject Ctrl+N
<html lang="zh">
<head>
    <meta charset="UTF-8">
    <meta name="viewport" content="width=device-width, initial-scale=1.0">
    <title>我的网站</title>
    <!-- Bootstrap CSS -->
    <link href="https://cdn.jsdelivr.net/npm/bootstrap@5.3.0/dist/css/bootstrap.min.css" rel="styleshe
    <style>
        /* 自定义样式 */
        .banner {
            margin-bottom: 2rem;
        }
        .carousel-item img {
            height: 400px;
            object-fit: cover;
        }
        .chat-section {
            min-height: 500px;
            padding: 2rem 0;
            background-color: ■#f8f9fa;
        }
        .chat-container {
            height: 400px;
            overflow-y: auto;
            border: 1px solid ■#dee2e6;
            border-radius: 0.25rem;
            padding: 1rem;
            background-color: ■white;
        }
        .message {
            margin-bottom: 1rem;
            padding: 0.5rem;
            border-radius: 0.    Accept file Ctrl+a  Reject file ctrl+∞   ^   1/2  ∨
        }
```

图 1-9　采纳代码

我已经创建了一个完整的静态页面，包含了您要求的所有功能：

1. Banner部分：

- 使用Bootstrap的轮播组件实现了3张轮播图
- 包含自动播放功能和导航按钮
- 图片使用了占位图片服务（实际使用时可替换为您的实际图片）

2. 聊天功能和内容显示部分：

- 左侧是聊天界面，包含聊天记录显示区域和消息输入框
- 右侧是最新内容展示区，使用卡片样式显示最新公告

3. Footer部分：

- 包含三列信息：关于我们、联系方式和社交媒体
- 底部有版权信息
- 使用深色背景突出显示

页面使用了Bootstrap框架来确保响应式布局，在手机和电脑上都能良好显示。所有样式都已经内置在页面中，无需额外的CSS文件。
您可以直接在浏览器中打开这个HTML文件来查看效果。如果您需要修改任何部分（比如更换图片、修改文字内容等），请告诉我。

图 1-10　代码补全建议

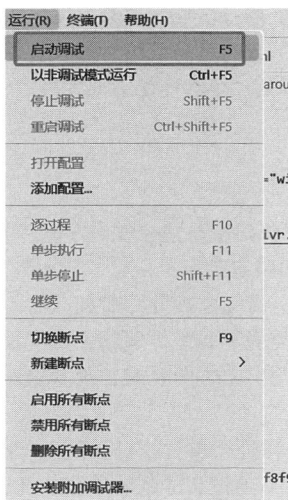

图 1-11　选择"启动测试"命令

图 1-12　用浏览器运行

值得注意的是，系统提供的代码建议往往包含规范的注释和完整的代码结构，这对提高代码的可维护性和可读性具有重要意义。通过这种智能辅助功能，既可以保证代码质量，又可以提升开发效率。

浏览器中的实时预览功能让开发人员能够直观地看到代码执行结果（见图1-13），便于及时发现和解决潜在的问题。这种即时反馈机制大幅缩短了开发调试周期，提高了开发的效率和准确性。

图 1-13　代码执行结果

在实际应用中，代码智能补全技术已成为提升开发效率的重要工具，通过智能推荐、即时预览等特性，为开发工作提供了有力支持。这种现代化的开发方式正在逐步改变传统的编程模式，推动着软件开发向着更高效、更智能的方向发展。

1.3.2　实时代码建议

Cursor平台的智能监测系统在代码质量把控方面发挥着关键作用，通过实时分析与主动预警，有效降低了程序开发过程中的错误风险。

在编写代码的过程中，系统会持续监控并即时捕获各类潜在问题。无论是基础的语法错误、变量命名冲突，还是复杂的类型不匹配等问题，都能在第一时间被识别并标注。这种即时反馈机制使得开发者能够在问题扩大之前及时发现并修正问题，大幅提升了编码效率和代码质量。

步骤1：首先，做好前期准备与环境设置。打开Cursor后，需要创建一个专门的项目文件夹用于存放开发文件（见图1-14）。通过文件系统导航至目标位置，选择合适的目录作为项目根目录。这一步骤有助于项目文件的规范化管理和后续开发的顺利进行。

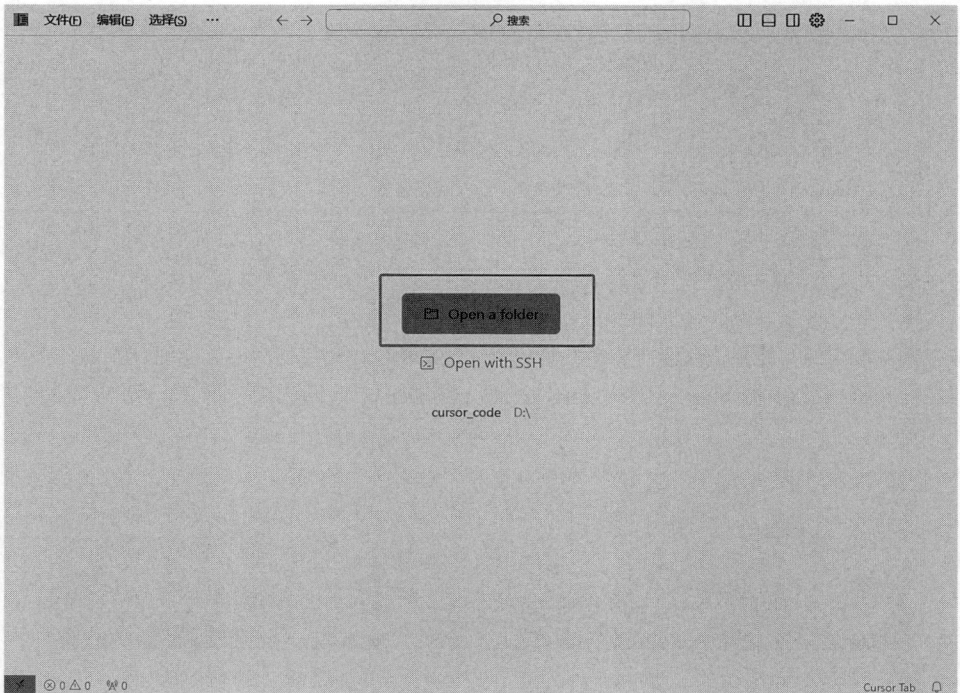

图 1-14　打开对应的文件夹

步骤2：然后创建项目文件。单击界面上的"新建文件"按钮（见图1-15），系统会提示输入文件名（见图1-16）。建议将主页面文件命名为index.html（见图1-17），这是网站默认首页的标准命名方式。文件命名完成后，编辑器会自动打开一个空白的编辑区域，为代码编写做好准备。

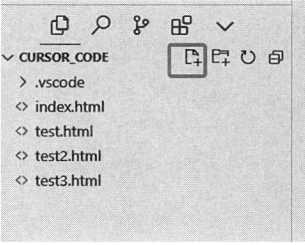

图 1-15 "新建文件"按钮

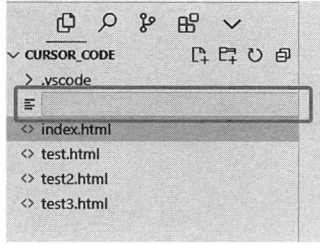

图 1-16 为文件命名

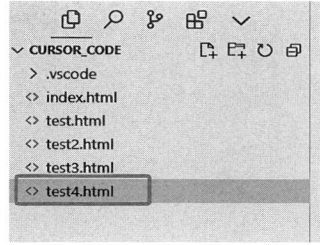

图 1-17 命名后的文件名

根据需求分析与规划，静态页面的开发主要包含3个核心部分。

- Banner区域：设计包含3张图片的轮播模块，提升视觉体验。
- 主要内容区：集成聊天功能并展示相关内容。
- 页脚部分：展示网站基本信息。

步骤3：通过代码生成功能，形成完整的应用框架。在编辑器（见图1-18）的命令窗口中输入具体需求描述，单击"submit"（提交）按钮（见图1-19），AI将自动生成符合要求的代码，用户需单击"Accept file"（接受文档）（见图1-20）按钮。生成的代码包含HTML结构、CSS样式和必要的JavaScript功能，形成一个完整的静态页面框架。

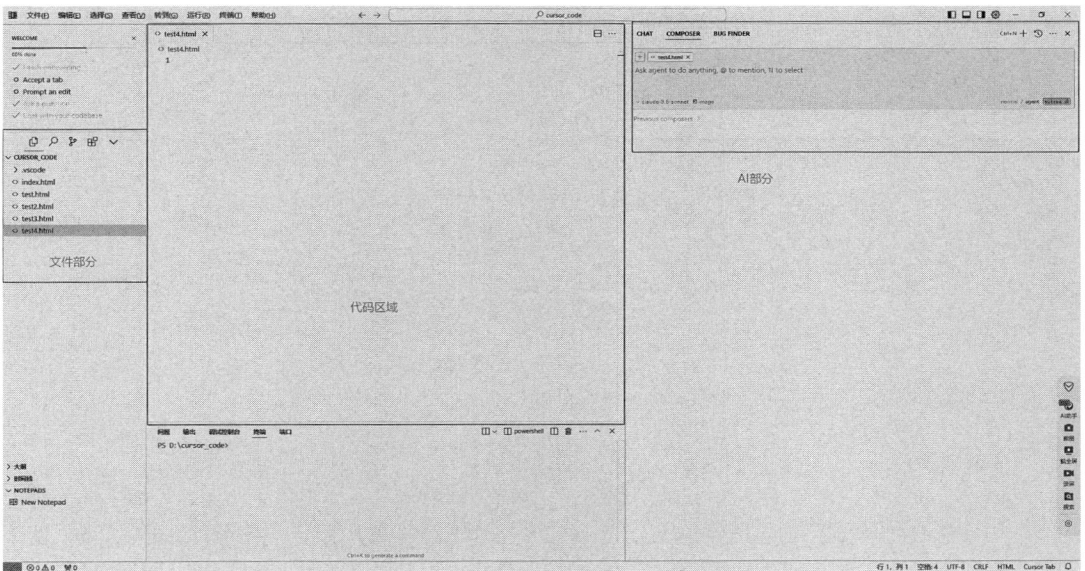

图 1-18 整个页面区域

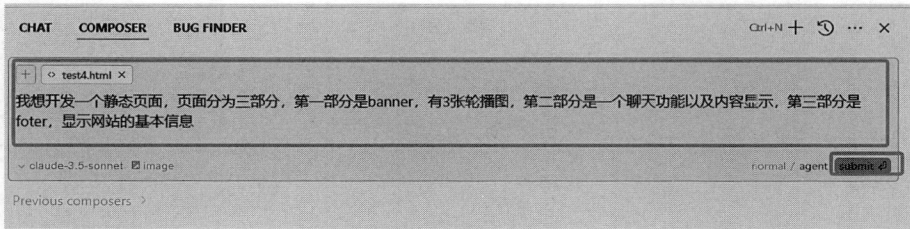

图 1-19　输入需求描述并单击"submit"按钮

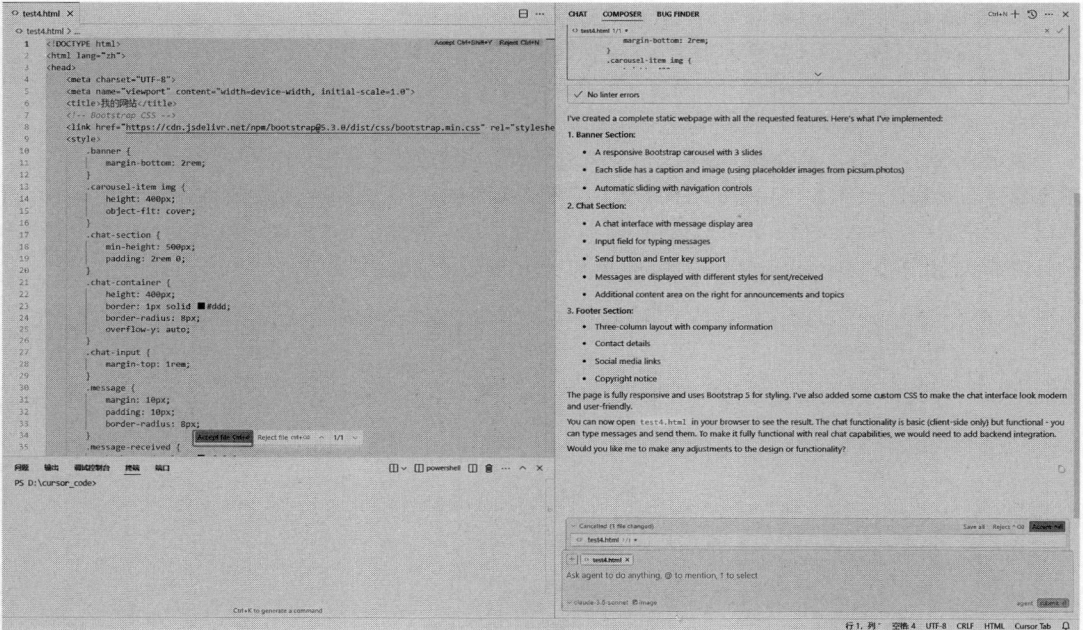

图 1-20　生成后的代码

　　选择"运行"→"启动调试"命令（见图1-21），就可以直接在浏览器中预览生成的代码（见图1-22），该案例展示了完整的三段式布局。

　　该网页采用了清晰的三层结构设计。页面顶部配置了一个现代化的图片轮播系统，通过平滑的过渡效果和自动切换功能，为访问者呈现丰富的视觉内容。在网页的中央区域，设计师巧妙地整合了一个功能完备的交互式聊天模块，用户可以在此进行实时对话和信息交流。网页的底部则采用了极简主义的设计理念，以简洁明了的方式陈列网站的基本信息，既保持了页面的整体美感，又确保了重要信息的可访问性。这种分层设计不仅提升了用户体验，还使得网页结构更加清晰有序，具体操作代码如下。

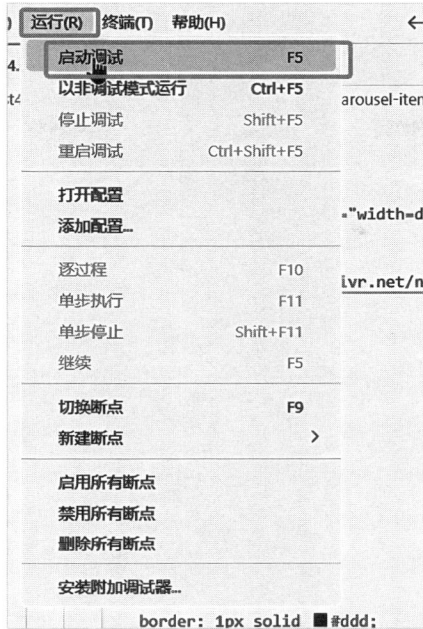

图 1-21　选择"启动调试"命令

图 1-22　生成的网页效果

```
<!DOCTYPE html>
<html lang="zh">
<head>
    <meta charset="UTF-8">
    <meta name="viewport" content="width=device-width, initial-scale=1.0">
    <title> 我的网站 </title>
    <!-- Bootstrap CSS -->
```

```html
        <link href="https://cdn.jsdelivr.net/npm/bootstrap@5.3.0/dist/css/
bootstrap.min.css" rel="stylesheet">
    <style>
        .banner {
            margin-bottom: 2rem;
        }
        .carousel-item img {
            height: 400px;
            object-fit: cover;
        }
        .chat-section {
            min-height: 500px;
            padding: 2rem 0;
        }
        .chat-container {
            height: 400px;
            border: 1px solid #ddd;
            border-radius: 8px;
            overflow-y: auto;
        }
        .chat-input {
            margin-top: 1rem;
        }
        .message {
            margin: 10px;
            padding: 10px;
            border-radius: 8px;
        }
        .message-received {
            background-color: #f1f1f1;
            margin-right: 20%;
        }
        .message-sent {
            background-color: #007bff;
            color: white;
            margin-left: 20%;
        }
        .footer {
            background-color: #333;
            color: white;
            padding: 2rem 0;
            margin-top: 2rem;
        }
    </style>
</head>
<body>
    <!-- Banner Section with Carousel -->
    <section class="banner">
        <div id="mainCarousel" class="carousel slide" data-bs-
ride="carousel">
            <div class="carousel-indicators">
                <button type="button" data-bs-target="#mainCarousel" data-bs-
slide-to="0" class="active"></button>
                <button type="button" data-bs-target="#mainCarousel" data-bs-
slide-to="1"></button>
                <button type="button" data-bs-target="#mainCarousel" data-bs-
slide-to="2"></button>
```

```
                </div>
                <div class="carousel-inner">
                    <div class="carousel-item active">
                            <img src="https://picsum.photos/1200/400?random=1"
class="d-block w-100" alt="Slide 1">
                        <div class="carousel-caption">
                            <h3> 第一张幻灯片 </h3>
                            <p> 精彩内容展示 </p>
                        </div>
                    </div>
                    <div class="carousel-item">
                            <img src="https://picsum.photos/1200/400?random=2"
class="d-block w-100" alt="Slide 2">
                        <div class="carousel-caption">
                            <h3> 第二张幻灯片 </h3>
                            <p> 精彩内容展示 </p>
                        </div>
                    </div>
                    <div class="carousel-item">
                            <img src="https://picsum.photos/1200/400?random=3"
class="d-block w-100" alt="Slide 3">
                        <div class="carousel-caption">
                            <h3> 第三张幻灯片 </h3>
                            <p> 精彩内容展示 </p>
                        </div>
                    </div>
                </div>
                <button class="carousel-control-prev" type="button" data-bs-
target="#mainCarousel" data-bs-slide="prev">
                    <span class="carousel-control-prev-icon"></span>
                </button>
                <button class="carousel-control-next" type="button" data-bs-
target="#mainCarousel" data-bs-slide="next">
                    <span class="carousel-control-next-icon"></span>
                </button>
            </div>
        </section>

        <!-- Chat Section -->
        <section class="chat-section">
            <div class="container">
                <div class="row">
                    <div class="col-md-8">
                        <h2> 聊天区域 </h2>
                        <div class="chat-container" id="chatContainer">
                            <div class="message message-received">
                                你好！欢迎来到我们的网站。
                            </div>
                            <div class="message message-sent">
                                谢谢！很高兴见到你。
                            </div>
                        </div>
                        <div class="chat-input">
                            <div class="input-group">
                                    <input type="text" class="form-control"
id="messageInput" placeholder=" 输入消息……">
                                    <button class="btn btn-primary"
onclick="sendMessage()"> 发送 </button>
```

```
                            </div>
                        </div>
                    </div>
                    <div class="col-md-4">
                        <h2>内容显示</h2>
                        <div class="content-area">
                            <p>这里可以显示其他相关内容或公告信息。</p>
                            <ul class="list-group">
                                <li class="list-group-item">最新公告</li>
                                <li class="list-group-item">热门话题</li>
                                <li class="list-group-item">推荐内容</li>
                            </ul>
                        </div>
                    </div>
                </div>
            </div>
        </section>

        <!-- Footer Section -->
        <footer class="footer">
            <div class="container">
                <div class="row">
                    <div class="col-md-4">
                        <h4>关于我们</h4>
                        <p>我们是一个专注于提供优质服务的网站，致力于为用户创造价值。</p>
                    </div>
                    <div class="col-md-4">
                        <h4>联系方式</h4>
                        <p>邮箱：contact@example.com</p>
                        <p>电话：123-456-7890</p>
                    </div>
                    <div class="col-md-4">
                        <h4>关注我们</h4>
                        <p>微信公众号：example</p>
                        <p>新浪微博：@example</p>
                    </div>
                </div>
                <div class="row mt-3">
                    <div class="col text-center">
                        <p>&copy; 2024 我的网站. 保留所有权利.</p>
                    </div>
                </div>
            </div>
        </footer>

        <!-- Bootstrap JS and dependencies -->
        <script src="https://cdn.jsdelivr.net/npm/bootstrap@5.3.0/dist/js/
bootstrap.bundle.min.js"></script>
        <script>
            function sendMessage() {
                const messageInput = document.getElementById('messageInput');
                const chatContainer = document.getElementById('chatContainer');

                if (messageInput.value.trim() !== '') {
                    const messageDiv = document.createElement('div');
                    messageDiv.className = 'message message-sent';
                    messageDiv.textContent = messageInput.value;
```

```
            chatContainer.appendChild(messageDiv);

            messageInput.value = '';
            chatContainer.scrollTop = chatContainer.scrollHeight;
        }
    }

        // 按 Enter 键发送消息
    document.getElementById('messageInput').addEventListener('keypress',
function(e) {
        if (e.key === 'Enter') {
        sendMessage();
        }
    });
    </script>
</body>
</html>
```

　　通过Cursor AI辅助开发工具，即使是初学者也能快速完成网页开发任务。在保证基本功能实现的同时，还可以根据个性化需求进行定制和优化，使最终成品既实用又美观。

　　开发初期，通过明确的需求分析确定网站的整体架构，包括页面布局、功能模块和视觉风格。该网站采用了现代化的设计理念，融合了轮播图展示、即时通信及信息公告等功能模块，以满足用户多样化的使用需求。

　　在代码编写阶段，Cursor智能开发工具提供了详尽的代码注释功能。这些注释不仅说明了各个代码块的功能，还包含了组件的使用说明和样式定义说明，极大地提升了代码的可读性和可维护性。通过规范的代码注释，后续的开发和维护工作也变得更加便捷。在项目运行阶段，开发环境提供了便捷的本地服务器启动功能。通过简单的操作即可启动服务器，为代码测试和效果预览提供了基础环境。通过浏览器访问对应地址后，即可实时查看网站的运行效果，便于及时发现和解决潜在问题。

　　最终呈现的网页效果展现了完整的设计成果。顶部的轮播图模块通过动态切换展示多张图片，提升了页面的视觉体验；中部的聊天功能区域集成了即时通信功能，配合右侧的新闻公告栏，为用户提供了良好的互动体验；底部的页脚区域集中展示了网站的相关信息，包括联系方式和社交媒体链接等。

　　整个开发过程体现了Cursor网站开发的系统性和规范性。从需求分析到代码实现，再到最终的效果呈现，每个环节都经过精心设计和严格把控。通过Bootstrap框架的支持，网站实现了响应式布局，确保了网站在不同设备上的良好表现。这种开发模式不仅提高了开发效率，也保证了产品质量。智能化工具的辅助和规范化流程的指导，使得网站开发工作更加高效和专业。最终呈现的网站既美观大方，又功能完善，充分满足了现代网站的建设需求。

　　更具价值的是Cursor平台的代码优化功能。系统通过深度分析代码结构和执行逻辑，能够智能识别出可能存在的优化空间。当发现代码中存在可改进之处时，平台会主动提供优化建议，并详细说明每项建议的具体原因和预期效果。这些优化建议涵盖了性能提升、代码可读性增强、内存占用优化等多个维度。

　　Cursor还能够识别出潜在的性能瓶颈，对应用进行性能优化，如不必要的循环嵌套、重复计算或资源浪费等情况。通过及时提醒并提供优化方案，帮助开发者构建更高效的程序结构。这种主动式的性能优化建议，对于提升程序运行效率具有重要意义。

　　当代码结构过于复杂或逻辑表达不够清晰时，Cursor平台会建议进行适当的重构，包括提取公共方法、优化变量命名、调整代码布局等，使代码更易于理解和维护。

Cursor还特别关注代码的健壮性和安全性。通过分析潜在的边界条件和异常情况，提醒开发者添加必要的防御性代码和异常处理逻辑。这种全方位的代码质量把控，为项目的长期维护和迭代奠定了坚实的基础。

Cursor平台通过持续的监测和优化建议，不仅能帮助开发者避免常见的编程错误，而且推动了代码质量的整体提升，实现应用程序的智能化质量管理，成为软件开发过程中不可或缺的重要工具。

1.3.3　自然语言转代码

Cursor平台的自然语言编程功能为软件开发带来了革命性的突破。通过将人类语言转化为可执行代码，使得任何没有编程基础的用户都可以开发出自己的应用程序，显著降低了编程门槛，提升了开发效率。

在具体应用中，开发者只需使用日常语言描述所需功能（见图1-23），系统便能快速理解并生成相应的代码。例如，以汉语、英语或其他自然语言输入对应用的描述时，平台能够自动生成包含用户名输入框、密码字段和提交按钮的完整代码结构，这种直观的开发方式大大简化了编程过程，使得技术构想能够更快速地转化为实际代码。

图 1-23　描述所需功能

在项目原型开发阶段，这种自然语言驱动的代码生成方式展现出了独特的优势。开发团队可以将产品需求直接转换为初始代码框架，快速验证技术方案的可行性。通过这种方式生成的代码原型虽然可能需要进一步优化和调整，但已经为后续开发工作奠定了基础，大幅缩短了从需求到实现的周期。

自然语言编程模式不仅适用于简单的功能实现，还能处理较为复杂的业务逻辑。系统能够理解多层次的功能描述，并生成包含适当的异常处理、数据验证等完整逻辑的代码结构。这极大地减少了基础代码编写的工作量，使开发者能够将更多精力投入到核心业务逻辑的优化中。

该功能还体现了强大的学习能力和适应性。通过持续积累项目经验，系统能够逐步提升代码生成的准确度和可用性。随着使用次数的增加，生成的代码会更加贴合开发者的编程风格和项目特点，进一步提升开发效率。

在实际开发过程中，这种自然语言到代码的转换机制正在改变传统的编程模式。它不仅加快了开发速度，还降低了技术沟通成本，使得产品经理、开发者之间的协作更加顺畅。这种创新性的开发方式，正在为软件开发领域开启新的可能性。

1.3.4　开发中的常见问题与调试技巧

在软件开发过程中，项目环境的稳定性与问题排查机制会直接影响开发效率。针对常见的技术难点，Cursor平台提供了一系列完善的解决方案。

在依赖管理方面，多个第三方库的协同使用经常会引发版本冲突的问题。为了有效规避这类问题，可以通过建立独立的虚拟环境来实现依赖隔离。Python项目可使用虚拟环境（Virtual Environment，VENV）创建独立的环境，Node.js项目则可借助Node版本管理器（Node Version Manager，NVM）进行版本管理。当遇到难以解决的依赖问题时，查阅社区文档和官方论坛往往能找到类似问题的解决方案。

（1）性能问题处理。

在处理大型项目时，性能问题尤为突出。当编辑器出现明显的性能下降或响应迟缓时，可以通过调整系统配置来优化其运行状态。具体措施包括关闭非必要的插件、降低AI分析频率等。这些优化手段能够在保证核心功能正常运行的同时，显著提升系统响应速度。

错误定位与问题排查是开发过程中的重要环节。Cursor平台内置的调试面板和错误日志系统提供了详尽的问题追踪机制。通过分析这些错误日志，开发者能够快速定位错误源头。在团队协作场景下，共享错误日志更有助于发挥集体智慧，加快问题解决的速度。

对于系统性能优化，需要采取多层次的应对策略。首先是及时清理冗余数据和缓存文件，其次是合理配置系统资源。在必要时，还可以通过升级硬件配置或优化网络环境来改善整体性能。

（2）版本控制。

版本控制是确保项目稳定性的关键要素。当多人协作导致代码冲突时，Git的版本回滚功能可以使软件快速恢复到稳定状态。在开启新的开发分支前，养成创建备份的习惯也能有效降低风险。这种预防性措施可以避免开发人员在错误的分支上投入过多时间，从而提高开发效率。

建立完善的问题处理机制对于项目的顺利推进至关重要。通过合理运用各种工具和方法，可以有效降低技术风险，确保开发工作的持续稳定进行，是软件开发必不可少的支撑体系。

以上内容全面介绍了Cursor平台的核心特性及开发环境的配置方法。通过详细讲解平台的技术架构和智能辅助功能，为开发者提供了利用AI增强编程体验的基础知识。Cursor的AI助手功能展现了智能编程工具的强大潜力。代码智能补全与实时建议功能提升了编码效率；自然语言转代码的能力改变了传统的编程思路，使程序逻辑表达得更加直观。关于常见问题与调试技巧的内容直接针对实际开发中的挑战，提供了实用的解决方案和最佳实践。掌握这些技巧有助于更好地与AI助手协同工作，有效地规避潜在的问题。Cursor平台代表了编程工具发展的新方向，掌握其使用方法将显著提升开发效率。

第2章

AI 提示词工程

2.1 了解 Cursor AI 模型架构

AI模型架构是现代智能编程工具的核心基础，而Cursor的AI模型架构代表了这一领域的前沿水平（见图2-1和图2-2）。要想充分发挥Cursor的潜力，首先需要了解其底层AI模型的工作原理和架构设计。简单来说，Cursor采用了大型语言模型技术，类似于GPT系列模型，通过深度学习理解和生成人类语言及代码。这种模型在海量代码和文本数据的基础上进行训练，能够理解编程语言的语法、语义，从而提供智能编程辅助。

Cursor的AI模型架构采用了转换器架构（Transformer Architecture，TA），这是目前自然语言处理和代码生成领域最成功的深度学习架构之一。Transformer架构最初由谷歌的研究团队在2017年提出，其核心创新在于使用自注意力机制，能够有效捕捉序列数据中的长距离依赖关系。这一特性对于代码理解尤为重要，因为代码中的变量、函数和类的定义与使用可能相隔很远，传统的循环神经网络难以有效地处理这种长距离依赖。Transformer架构克服了这一限制，使Cursor能够理解复杂的代码结构和上下文关系，进而提供更准确的代码补全和建议。

在模型规模方面，Cursor采用了具有数十亿甚至上百亿参数的大型模型。模型规模是影响AI性能的关键因素之一，更大的模型通常能够理解更复杂的模式，生成更高质量的代码。为了使如此庞大的模型能够在普通开发者的计算机上运行，Cursor采用了客户端到服务器架构，将模型部署在云端服务器上，本地编辑器通过应用程序编程接口（Application Programming Interface，API）与云端模型通信。这种设计使得普通开发者无须高端硬件即可享受先进AI模型的强大功能，同时也方便了模型的持续更新和改进。

多模态理解能力是Cursor模型架构的另一个重要特点。传统的代码编辑器只能处理纯文本形式的代码，而Cursor的AI模型不仅能理解代码文本，还能理解代码的结构、语法树、依赖关系等多种形式的信息。这种多模态理解能力使Cursor能够提供更加智能的编程辅助。例如，当开发者编写一个新函数时，Cursor不仅能根据函数名和参数推测函数的用途，还能根据项目中其他相关代码的结构和使用模式，推荐最合适的实现方式。

Cursor的AI模型架构还特别针对编程领域进行了优化。与通用的大语言模型相比，Cursor的模型在编程语言的语法、API使用模式、常见编程模式和应用实践等方面进行了专门的训练。这种领域特定的优化使Cursor能够更好地理解代码的意图和上下文，从而提供更准确的代码补全和建议。例如，当检测到开发者正在编写Web应用程序时，Cursor能够识别相关的框架和库，并提供符合该框架实践的代码建议。

图 2-1　模型架构（1）

　　上下文窗口是理解Cursor AI模型架构的另一个重要概念。上下文窗口指的是模型能够同时考虑的文本范围，通常以标记的数量衡量。早期的语言模型往往只能考虑几百个标记的上下文，这对于理解大型代码库来说是远远不够的。Cursor的模型采用了扩展上下文窗口技术，能够同时考虑数千甚至数万个标记的上下文，使其能够理解整个文件甚至多个相关文件的代码。这种扩展上下文窗口的能力对于提供准确的代码补全和重构建议至关重要，因为代码的正确性和实现往往依赖于更广泛的项目上下文。

　　持续学习是Cursor AI模型架构的核心特性之一。与传统的静态模型不同，Cursor的模型能够从用户的交互中不断学习和改进。当用户接受或拒绝Cursor的建议时，这些反馈会被收集并用于模型的持续训练和优化。这种持续学习机制使Cursor能够逐渐适应特定用户的编码风格和偏好，从而提供越来越个性化的编程辅助。此外，Cursor团队也会定期使用最新的代码库和编程实践更新模型，确保AI助手始终掌握最新的编程知识和应用数据。

　　多语言支持是Cursor模型架构的另一个亮点。Cursor的AI模型经过了多种编程语言的训练，包括但不限于Python、JavaScript、TypeScript、Java、C++、Go等主流语言。这种多语言能力使Cursor能够在不同的开发项目中提供一致的高质量辅助。不仅如此，Cursor通过专项设计的跨语言语义分析模块，还能理解不同编程语言之间的异同，在多语言项目中提供跨语言的智能建议。例如，当开发者需要将Python代码转换为JavaScript代码时，Cursor能够理解两种语言的语法和语义差异，并提供准确的转换建议。

图 2-2　模型架构（2）

　　总的来说，Cursor强大的代码理解和生成能力为开发者提供了前所未有的编程体验。了解这一架构的基本原理，有助于开发者更好地利用Cursor进行日常编程工作，提高开发效率和代码质量。随着AI技术的不断发展，Cursor的模型架构也将持续演进，为开发者带来更加智能和个性化的编程辅助体验。

2.2 AI 提示词工程实战

2.2.1 提示词编写技巧

提示词工程是与AI助手（如Cursor）有效沟通的关键技能，就像学习一门特殊的语言，不过对象是人工智能而非人类。好的提示词能让AI准确理解开发者的意图，生成符合预期的代码或解决方案，避免因反复修改而浪费时间。掌握提示词工程技巧，可以把AI从一个需要不断纠正的工具变成真正高效的开发伙伴，大大提升编程效率。

编写有效提示词的首要原则是清晰明确。模糊的要求只会得到模糊的结果，这在编程领域尤其重要。简单地说，"写个登录功能"远不如"使用React和Firebase实现一个用户登录组件，需要邮箱验证，密码至少8位，并在登录成功后重定向到仪表盘页面"这样的详细描述有效。具体的技术栈、功能要求和实现标准能大大提高AI生成内容的准确性，减少后续修改的工作量。在实际开发中，这种明确性的描述可以节省大量时间，特别是在处理复杂的功能时，可大大提升工作效率。

一个结构良好的提示词工程通常包含3个部分：背景信息介绍、具体任务描述和输出要求说明。背景信息部分应简要介绍项目环境、已有代码结构或技术选择，这些上下文可以帮助AI更准确地定位问题；具体任务部分应清晰地表述需要完成的目标，可以是功能实现、代码重构或问题诊断；输出要求则规定了期望得到的格式、风格或特定标准。这种三段式结构就像写了一份详细的开发任务书，有助于AI全面了解需求和期望的结果（见图2-3）。

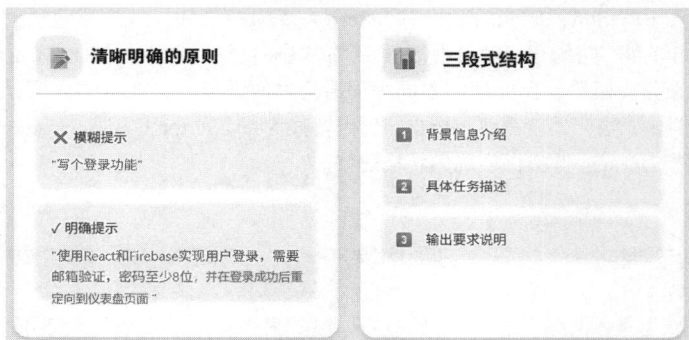

图 2-3　提示词的编写技巧（1）

使用专业术语和领域特定语言可以显著提高沟通效率。Cursor经过大量编程语料训练，能理解各种编程术语、框架名称和设计模式。恰当使用这些专业词汇不仅能缩短提示词长度，还能更精确地传达技术概念。例如，"实现一个支持懒加载的无限滚动React组件"比"做一个页面上的列表，滚到底部时自动加载更多内容"更能精确地传达需求。使用专业术语也能帮助AI识别相关最佳实践和常见实现模式，从而提供更符合行业标准的解决方案。

对于复杂的开发任务，采用分步骤引导的方式往往效果更好。将复杂的问题分解为一系列小步骤，逐一引导AI完成任务，就像带领初级开发者一步步实现功能一样。在开发电商网站购物车功能时，可以先要求AI设计数据结构，然后实现添加商品功能，接着处理数量修改和删除操作，最后添加价格计算和优惠券逻辑。这种渐进式的开发方法不仅可以提高每个步骤的质量，还使整个开发过程更可控，便于在每个阶段进行检查和调整，避免一次性处理复杂任务带来的混乱和错误（见图2-4）。

📖 专业术语	📋 分步骤引导
使用专业词汇 "实现一个支持懒加载的无限滚动React组件"	1 设计数据结构 2 实现核心功能 3 添加辅助特性

图2-4 提示词的编写技巧（2）

提供词示例是帮助AI理解特定需求的有效方法。通过展示输入和期望输出的具体例子，可以直观地传达需求，尤其是处理特定格式转换或风格要求时。对于代码生成任务，提供符合项目风格的代码片段作为参考，能帮助AI生成风格一致的代码。如果项目使用特定的错误处理模式或日志记录方式，提供相关示例可确保AI生成的代码与现有代码库保持一致。这种示例驱动的方法特别适用于需要遵循严格编码规范或架构模式的企业级项目，能大大减少代码风格调整的工作量。

在长对话中进行有效的上下文管理十分重要。虽然Cursor能理解对话的上下文，但它们的上下文窗口有限，超出窗口的信息可能被"遗忘"。在复杂项目的长期交流中，适时回顾关键信息或决策点非常必要。可以在新的提示词中简要总结之前的讨论要点，或直接引用之前生成的关键代码片段，以确保AI基于完整的上下文提供建议。这就像项目会议中偶尔回顾之前的决策一样，能保持思路一致，避免因信息缺失导致的错误（见图2-5）。

📖 示例驱动	🔄 上下文管理
提供具体示例 输入/输出示例、代码风格参考、错误处理模式	📌 定期回顾关键信息 🔍 引用重要代码片段

图2-5 提示词编写技巧（3）

在提示词中添加适当的约束条件可以引导AI生成更符合特定要求的代码。这些约束可包括性能标准、兼容性要求、安全考虑或特定实现的限制。指定"算法复杂度不超过O(n)""代码必须支持IE 11浏览器""不使用第三方库"等条件，能帮助AI在多种可能的实现方式中选择最符合需求的一种。这些约束就像软件开发中的非功能需求，虽不直接关系到功能的实现，但对最终产品的质量和适用性至关重要。将它们明确包含在提示词中可避免后期发现实现方案不适用的情况。

角色设定是提升提示词效果的高级技巧，特别适用于需要特定专业视角的场景。通过在提示词中为AI设定特定的专业角色，可引导AI从专业角度思考问题，从而提供更有针对性的建议。"作为一名资深安全专家，审查以下代码的潜在漏洞"会比简单要求"检查代码安全问题"得到的分析更专业、更深入。这种角色设定技巧在代码审查、性能优化、安全评估等需要专业知识的场景中特别有效。它利用了AI模型在训练过程中学习到的不同专业领域的知识模式，引导模型调用这些特定领域的知识进行回答（见图2-6）。

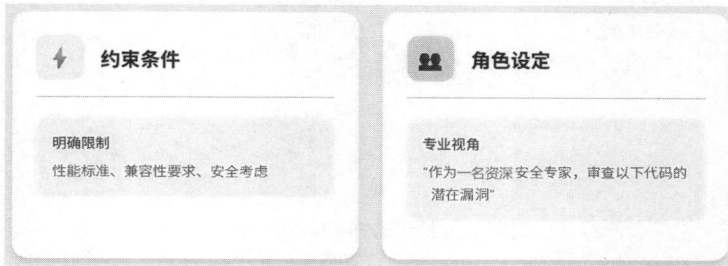

图 2-6　提示词的编写技巧（4）

在提供明确指导的同时，也要避免过度限制AI的思考空间。虽然详细的约束有助于获得符合特定要求的结果，但过于严格的规定可能会限制AI提出创新解决方案的能力。在适当的情况下，给予AI一定的自由度和创造空间，可能带来意想不到的优秀方案。这种平衡类似于管理资深开发者，虽然需要提供清晰的目标和边界，但在实现细节上更要给予足够的自主权。在实践中，可以使用"建议使用……"而非"必须使用……"的表述，或明确表示对替代方案持开放态度，鼓励AI提出多种可能的解决方案。

最后，优化提示词工程是一个不断学习和迭代改进的过程。初次输入提示词很少能得到完美的结果，这是正常现象。通过分析AI的回应，识别理解偏差或表达不清的地方，然后调整提示词进行下一轮对话，是提高对话效果的关键方法。这种迭代不仅能改进当前任务的结果，还能帮助开发者逐步掌握更有效的提示词模式和表达方式。随着经验的积累，开发者将能更准确地预测AI的理解和反应模式，设计出越来越高效的提示词，使AI助手真正成为开发过程中的得力工具，显著提升编码效率和质量。

2.2.2　上下文优化

在AI辅助开发的过程中，上下文优化是提高Cursor工作效率的关键技巧。上下文指的是AI理解和处理信息的背景环境，包括之前的对话内容、当前代码状态及项目相关信息。好的上下文管理就像给AI提供一张清晰的地图，让它能准确地理解用户的需求并给出恰当的回应。掌握上下文优化技巧，能大大提高与AI助手协作的效率，降低沟通成本。

首先需要了解上下文窗口的概念。Cursor这类AI工具都有一个限定大小的"记忆空间"，就像人的短期记忆一样。当信息超过这个空间时，早期的内容就会被"遗忘"。这个记忆空间通常包含最近的对话内容和当前处理的代码。了解这一限制很重要，特别是在处理大型项目或长时间对话时。就像你不会期望同事记住一周前讨论的所有细节一样，AI也需要适时的提醒和信息更新。

为了有效利用有限的上下文空间，应当优先提供最相关的信息。在复杂的项目中，不要试图一次性解释整个系统架构或提供所有代码文件，而是要聚焦于与当前任务直接相关的部分。例如，在修复特定功能的Bug时，可以只提供出错的函数和与其直接相关的组件代码。这就像只向修理工展示坏掉的零件和与其直接连接的部分，而不是整台机器的设计图。这种有选择性的信息提供能确保AI的"注意力"集中在最重要的内容上（见图2-7）。

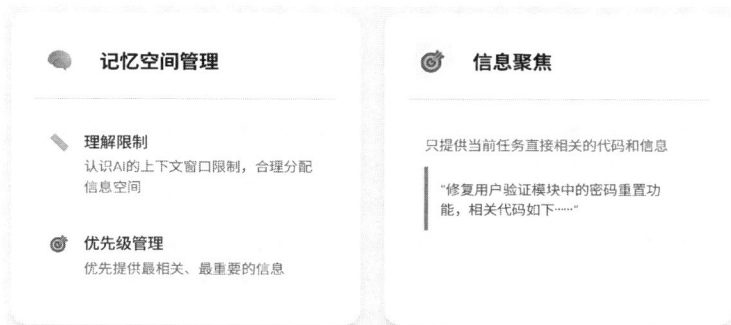

💬 **记忆空间管理**

✏️ **理解限制**
认识AI的上下文窗口限制，合理分配信息空间

◎ **优先级管理**
优先提供最相关、最重要的信息

◎ **信息聚焦**

只提供当前任务直接相关的代码和信息

"修复用户验证模块中的密码重置功能，相关代码如下……"

图 2-7 上下文优化（1）

在长时间的对话中，保持上下文的连贯性非常重要。当一个任务需要多轮交流才能完成时，新的提问应该包含对之前关键决策的简要回顾。就像接力赛跑时交接棒一样，确保信息顺畅地传递。例如，"基于之前选择的JWT认证方案，现在需要实现令牌刷新功能……"这样的引导能帮助AI保持思路的连贯。对于特别复杂的任务，可以在每个新阶段开始时简要总结已完成的工作和接下来的目标，就像项目例会一样，确保开发方向始终清晰。

选择性引用代码片段是节省上下文空间的好方法。当讨论涉及之前生成或修改过的代码时，不需要重复粘贴整个文件，而是可以只引用关键部分或函数名。就像讨论文章时只引用关键段落而非整篇文章。例如，"关于之前实现的用户验证函数，现在需要添加多因素认证支持……"这种方式既保持了内容连续性，又不会占用太多宝贵的上下文空间。对于特别重要的代码结构，可以创建简明摘要而非粘贴完整的实现细节（见图2-8）。

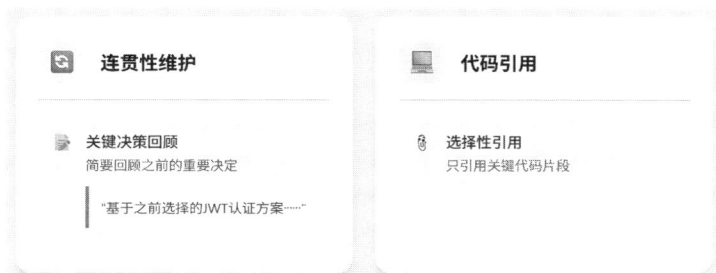

🔄 **连贯性维护**

📝 **关键决策回顾**
简要回顾之前的重要决定

"基于之前选择的JWT认证方案……"

🖥️ **代码引用**

🔖 **选择性引用**
只引用关键代码片段

图 2-8 上下文优化（2）

项目结构信息是上下文的重要组成部分，但需要精简表达。对于中大型项目，可以采用层次化描述方法，先介绍整体架构和主要模块，然后根据需要深入到特定组件中。就像介绍一座城市时，先展示地图和主要区域，然后再详细描述特定街区。例如，"这是一个MVC架构的电商网站，包含用户、商品、订单三个主要模块。现在需要在订单模块添加支付功能，

该模块目前包含以下几个关键文件……"这种自上而下的描述既提供了必要的全局视角，又能快速聚焦于相关细节。

技术栈和依赖信息对生成兼容代码很重要，应当明确包含在上下文中。在开始开发时，简明地列出项目使用的主要框架、库版本和关键配置，能帮助AI生成符合项目环境的代码，这就像告诉厨师厨房里有哪些食材和工具一样。例如，"本项目使用Vue 3、TypeScript和Element Plus UI库构建，采用Pinia进行状态管理"。这类信息虽然简短，但能显著提高生成代码的适用性，减少后期调整工作（见图2-9）。

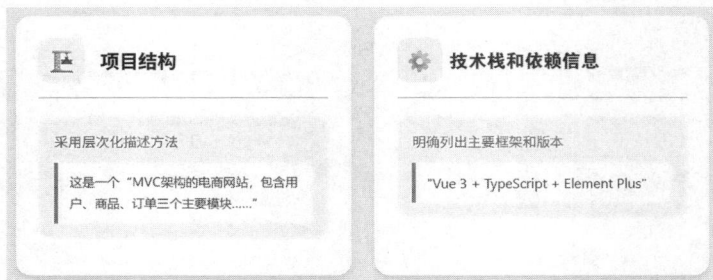

图2-9　上下文优化（3）

在处理特定领域问题时，相关术语和业务规则也是上下文的关键部分。如果项目涉及特定行业知识，如金融、医疗或教育，简要地解释相关概念和业务规则能帮助AI更准确地理解需求。就像向外地人解释当地习俗一样。例如，"在教育系统中，'学期'是指标准的教学周期，每年分为春季和秋季两个学期，每个学期包含多个'课程'，学生可以选择多个课程……"这类领域知识的提供能弥补AI在特定行业理解上的不足，提高生成内容的业务准确性。

上下文刷新是处理长期项目的一种有效策略。当一个任务持续较长时间，或者上下文变得混乱时，可以通过开始新的对话，并在开始时提供当前状态的简明摘要来"刷新"上下文。这就像重新整理工作台，清除不必要的杂物，聚焦于当前任务。例如，"我们正在开发一个健康追踪应用，目前已完成用户注册和数据记录功能，接下来需要实现数据分析和图表展示……"这种刷新不仅能优化AI的工作环境，还有助于开发者重新审视项目进度（见图2-10）。

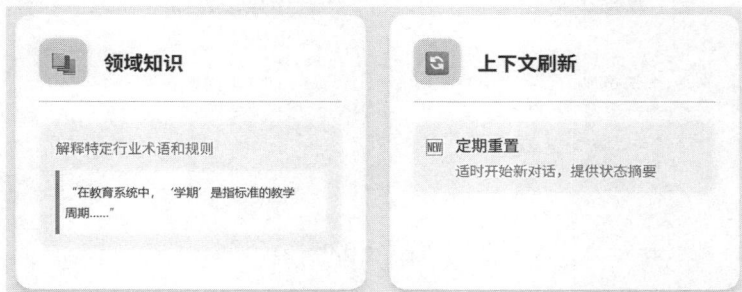

图2-10　上下文优化（4）

上下文管理还应考虑代码的逻辑完整性。当讨论特定功能时，应确保提供的代码片段在逻辑上是完整的，包含必要的导入语句、类定义或函数声明。就像拼图游戏需要完整的拼图块一样。AI虽然能推断一些上下文，但提供完整的逻辑单元能减少误解和错误。例如，讨论一个类的方法实现时，最好包含该类的基本定义，至少是方法签名，而不是只提供方法体内的代码。

上下文优化是一个需要不断调整的过程。根据AI的响应质量，可能需要增加或减少提供的信息量，调整信息的详细程度或组织方式。就像调整收音机频率寻找最清晰的信号一样。通过观察AI的响应模式，开发者能逐渐掌握更有效的上下文提供方式，建立起与AI助手的高效协作关系。随着经验的积累，这种上下文优化能力将成为开发者使用Cursor等AI工具的核心技能，从而显著提升开发效率和代码质量。

2.2.3　代码生成质量控制

在使用Cursor这类AI工具写代码时，确保代码质量是非常重要的一环。虽然AI能快速生成代码，但如何保证这些代码可靠、高效且易于维护，需要一些特别的技巧。好的质量控制不仅能减少后期修改Bug的时间，还能确保AI写的代码符合项目标准，真正帮助开发人员，而不是制造麻烦。

向AI明确说明期望的代码质量标准是非常重要的。就像告诉新团队成员公司的编码规范一样，用户需要告诉AI自己想要什么样的代码风格、命名方式、错误处理方法等。例如可以说"代码需要遵循PEP 8规范"或"变量名使用驼峰命名法"。这样的明确要求能让AI生成更符合用户期望的代码，从而减少后期修改的工作量。

对于复杂的功能，不要指望AI一次就能完美地完成。更合适的做法是把大任务分解成小块，一步步生成并检查。就像盖房子一样，先确保地基牢固，再建墙。每生成一部分代码，立即检查它是否正确，是否处理了各种可能的情况，是否能与其他部分正常配合。这种"小步快跑"的方式能帮用户及早发现问题，避免错误积累成大麻烦。

要求AI解释它写的代码也是提高代码质量的好方法。当用户要求AI不仅写代码，还要解释为什么这样写时，AI往往会更认真地思考并生成更清晰的代码。这就像要求学生不仅给出答案，还要解释解题过程一样。用户可以要求AI解释"为什么选择这种算法"或"这段代码的性能如何"，这样既能帮助用户理解代码，又能间接提高代码质量（见图2-11）。

明确质量标准	分步开发	要求解释代码
明确要求示例	**开发步骤示例**	**解释要求示例**
"代码需要遵循PEP 8规范，使用驼峰命名法，并包含类型注解"	1.设计数据结构 2.实现核心功能 3.添加错误处理 4.优化性能	"为什么选择此算法，并分析其时间复杂度"
√ 指定代码风格规范		√ 理解设计决策
√ 明确命名约定	√ 逐步构建功能	√ 性能分析说明
	√ 及时验证每个步骤	

图 2-11　代码生成质量控制（1）

特别要注意边界条件和异常处理。好代码不仅能在正常情况下工作，还能妥善处理各种意外情况。明确告诉AI需要考虑哪些特殊情况，例如"如何处理空输入""文件不存在时怎么办"或"网络连接断开时如何响应"。这样能让AI生成更优质的代码，减少实际使用中的意外崩溃。

"生成代码后，让AI自己审查代码是个好主意"。同时，生成测试用例也很重要。好代码应该能通过全面测试，所以用户可以要求AI不仅写功能代码，还要提供测试用例。例如"为这个用户的注册函数写单元测试，包括正常注册和各种错误情况"。这些测试用例不仅能验证代码的正确性，还能作为代码功能的说明书，帮助团队其他成员理解代码的预期行为。

对于性能要求高的场景，务必明确地告诉AI。如果代码需要处理大量数据或在资源有限的设备上运行，那么提前说明这一点很重要。例如，"这个算法需要处理百万级数据，内存有限"或"这个函数会在手机上频繁调用，要尽量省电"。明确的性能要求能让AI选择更合适的算法和实现方式，生成高效的代码（见图2-12）。

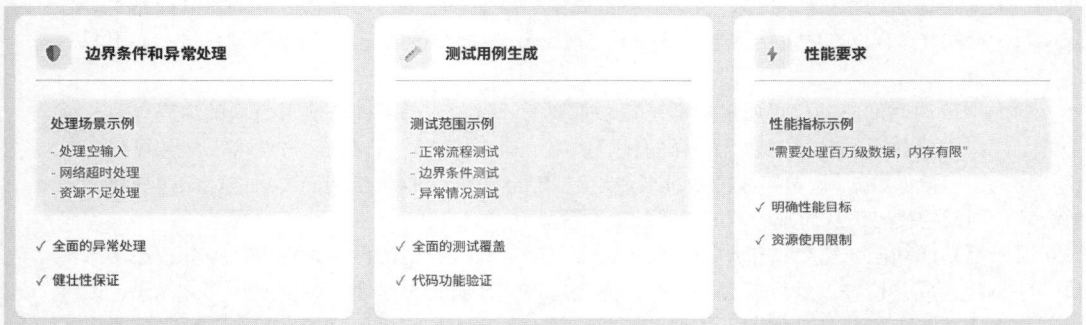

边界条件和异常处理	测试用例生成	性能要求
处理场景示例 - 处理空输入 - 网络超时处理 - 资源不足处理 √ 全面的异常处理 √ 健壮性保证	**测试范围示例** - 正常流程测试 - 边界条件测试 - 异常情况测试 √ 全面的测试覆盖 √ 代码功能验证	**性能指标示例** "需要处理百万级数据，内存有限" √ 明确性能目标 √ 资源使用限制

图 2-12　代码生成质量控制（2）

考虑代码的长期维护也很重要。好代码不仅要满足当前需求，还应该容易修改和扩展。用户可以告诉AI自己未来可能的需求变化，例如"这个系统未来可能需要支持更多类型的用户"或"数据来源可能会从数据库换成API"。这样的前瞻性要求能让AI生成更灵活、更模块化的代码结构，降低未来改动的难度。

良好的文档和注释也是高质量代码的标志。用户在要求AI生成代码时，应明确说明需要什么样的文档，例如"每个函数都需要注释说明用途和参数含义"或"关键算法步骤需要详细解释"。这样能确保生成的代码不仅能工作，还更容易被人理解和使用。

质量控制是一个持续的过程。AI第一次生成的代码很少是十全十美的，这很正常。通过分析不足之处，调整要求，再次请求AI修改，能逐步提高代码质量。就像打磨木工作品一样，每一轮修改都能解决特定的问题，最终达到满意的效果。随着经验的积累，人们会越来越了解如何引导AI生成高质量代码，从而真正提升开发效率。

第3章
Windsurf 基础入门

3.1 Windsurf 平台介绍

Windsurf平台是当前人工智能开发领域的一颗新星，它以直观的界面和强大的功能赢得了众多开发者的青睐。不同于传统的开发环境，Windsurf将人工智能的力量无缝融入开发流程，使得从项目构思到最终产品的每一步都能得到智能辅助。Windsurf专为提高开发效率、降低技术门槛而设计，让各种技术背景的用户都能利用人工智能的力量创建高质量的应用程序。

Windsurf的核心理念是将复杂的人工智能技术封装在简洁的界面之下，实现"所见即所得"的开发体验。在这个平台上，开发者不再需要编写大量的样板代码或记忆复杂的API文档，而是可以通过自然语言描述需求，让人工智能助手生成符合要求的代码。这种方式特别适合那些有创意但编程经验有限的用户，让他们能够将想法快速转化为可工作的原型。

从技术架构来看，Windsurf采用了模块化设计，包括项目管理、代码编辑、智能辅助、调试测试和部署发布等核心模块。这些模块紧密集成，形成了一个完整的开发生态系统。平台内置的人工智能引擎能够理解项目上下文，提供有针对性的代码建议和优化方案，大大减少了开发过程中的试错成本。

Windsurf平台的用户界面设计秉承了简洁明了的原则，主界面分为几个主要区域：左侧是资源浏览器，中间是代码编辑区，右侧是智能助手和上下文信息面板（见图3-1）。这种布局既保留了传统集成开发环境（Integrated Development Environment，IDE）给人们带来的熟悉感，又增加了AI辅助的独特功能，让用户能够快速适应并享受智能开发的便利。颜色主题和图标设计也经过精心选择，为用户提供了舒适的视觉体验，减少长时间开发的视觉疲劳。

在项目管理方面，Windsurf提供了丰富的模板和脚手架，覆盖了Web应用、移动应用、数据分析和机器学习等多种常见项目类型。开发者可以从这些预设模板中选择最接近自己需求的一种，然后进行个性化定制，避免从零开始的烦琐过程。平台还支持版本控制集成，可以直接连接GitHub、GitLab等代码仓库，使团队协作变得更加顺畅。

代码编辑是开发项目最基础的环节，Windsurf在这方面做了深度优化。编辑器支持语法高亮显示、代码折叠、智能缩进等基本功能，同时增加了智能代码补全、实时错误检测和自动修复建议等AI增强特性。当开发者编写代码时，Windsurf会实时分析代码结构和意图，提供上下文相关的补全选项，甚至可以预测下一步可能的代码块，大幅提高编码速度。

Windsurf的智能辅助功能是其最大的亮点。平台内置的AI助手能够理解自然语言描述的需求，并生成相应的代码实现。例如，开发者可以输入："创建一个用户注册表单，包含用户名、邮箱和密码字段，并进行基本验证"，AI助手随即生成包含HTML、CSS和JavaScript的完整代码。这种功能特别适合那些对特定技术不够熟悉的开发者，让他们能够快速跨越技术障碍。

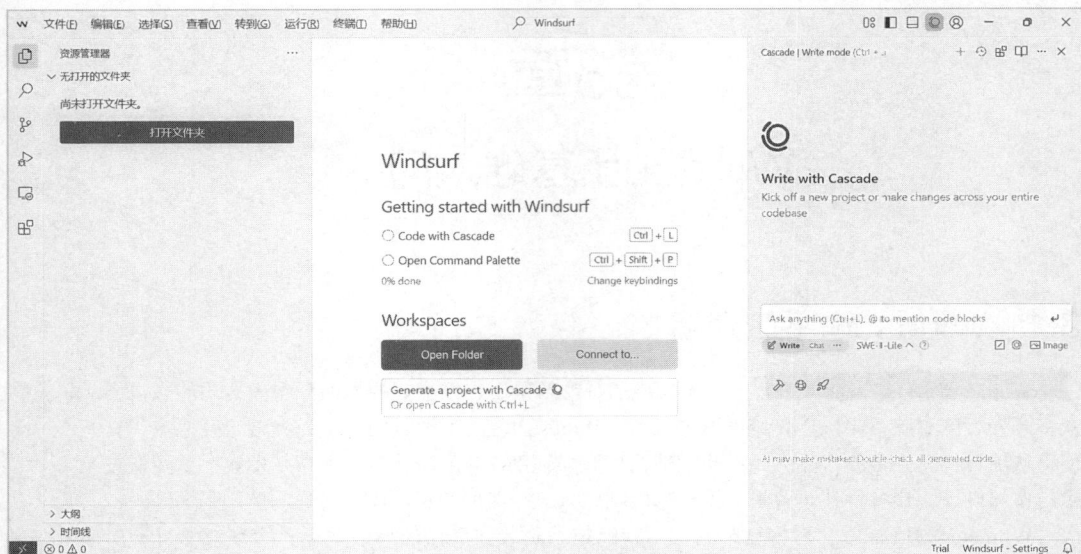

图 3-1　Windsurf 用户界面

调试和测试是保证软件质量的关键步骤，Windsurf在这方面也提供了智能辅助。平台内置了代码分析工具，可以自动检测潜在的Bug和性能问题，并提供改进建议。在测试方面，Windsurf能根据代码功能自动生成单元测试和集成测试，大大减轻了开发者编写测试代码的负担。对于发现的问题，平台还会提供详细的诊断信息和修复方案，帮助开发者快速解决问题。

部署和发布通常是项目开发中的痛点，Windsurf通过自动化和智能配置大大简化了这一环节。平台支持一键部署到各种云平台，如亚马逊网络服务（Amazon Web Services，AWS）、Azure、Google Cloud等，并能根据应用特性自动推荐最优的部署配置。对于移动应用，Windsurf提供了应用打包和发布到应用商店的流程指导，使得整个发布过程变得更加顺畅。

在学习资源和社区支持方面，Windsurf提供了丰富的官方文档（见图3-2），帮助新用户快速上手。平台还有活跃的用户社区，开发者可以在社区中分享经验、寻求帮助或展示自己的作品。官方团队也定期举办线上研讨会和编程挑战，促进用户之间的交流和学习。

Windsurf平台采用灵活的订阅模式，提供不同层级的服务，以满足不同用户的需求。从个人开发者到大型企业团队，都能找到适合自己的方案。新用户可以先使用免费试用版本，体验平台的基本功能，再决定是否升级到付费版本以获取更多高级特性。对于教育机构和非营利性组织，平台还提供特殊的优惠政策，鼓励创新和技术普及。

总的来说，Windsurf平台代表了软件开发工具未来的趋势，它将人工智能的力量与传统开发环境的优点相结合，创造了一个更高效、更智能的开发生态系统。无论是经验丰富的专业开发者，还是刚刚入门的编程爱好者，都能在Windsurf平台上找到提升效率、实现创意的有力工具。随着平台的不断发展和完善，相信Windsurf将为更多开发者带来全新的智能开发体验。

图 3-2　Windsurf 官方文档

3.2　Windsurf 开发环境配置

开发环境配置是使用Windsurf平台进行AI辅助开发的第一步，合理的环境设置能够显著提升开发效率和体验。Windsurf作为一个现代化的开发平台，其环境配置既简洁又灵活，适合不同技术背景的用户。下面将详细介绍Windsurf开发环境的配置过程，从系统要求到个性化设置，全面覆盖各个方面。

步骤1：首先，获取Windsurf安装包。访问Windsurf官方网站（见图3-3），在下载页面选择适合操作系统的安装包。网站提供了稳定版和预览版两种选择，初次使用建议选择稳定版。对于企业用户，可以联系销售团队获取企业版安装包，其中包含更多高级功能和优先技术支持。下载完成后，验证安装包的完整性，确保下载过程中没有出现错误。

步骤2：安装Windsurf是环境配置的关键步骤。在Windows系统上，双击安装包启动安装向导，按照提示完成安装。在安装过程中，用户可以选择安装位置和是否创建桌面快捷方式，并在"许可协议"界面选择"我同意此协议"单选按钮（见图3-4）。在macOS系统中，打开下载的DMG文件，将Windsurf应用拖到"Applications"文件夹中即可。在Linux系统中，则需要通过终端运行安装脚本。在安装过程中，安装向导会检查系统环境，确保所有依赖项都已满足。

图 3-3　Windsurf 官方网站

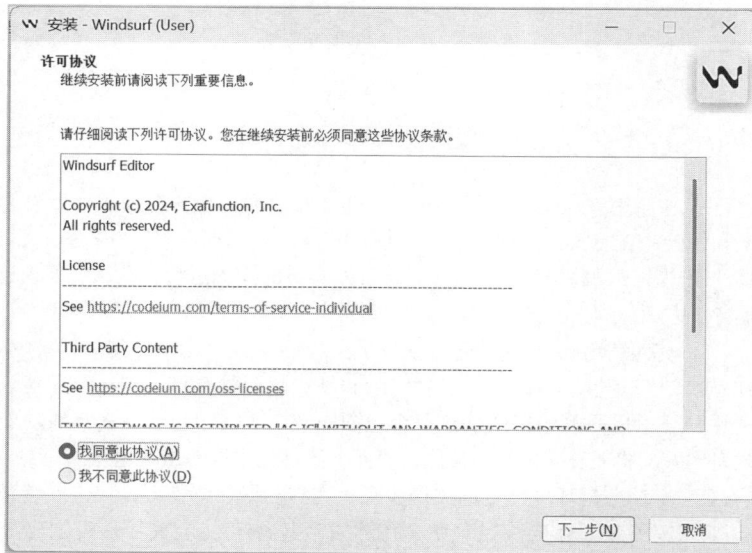

图 3-4　"许可协议"界面

步骤3：安装完成后，首次启动Windsurf需要进行初始设置。平台会提示创建账户或使用现有账户登录（见图3-5）。账户用于同步设置、管理许可证和访问云端资源。完成账户设置后，平台会引导用户设置开发环境的基本参数（见图3-6），如默认项目存储位置、界面主题（见图3-7）和编辑器首选项。这些设置可以根据个人喜好调整，也可以稍后在设置面板中修改。

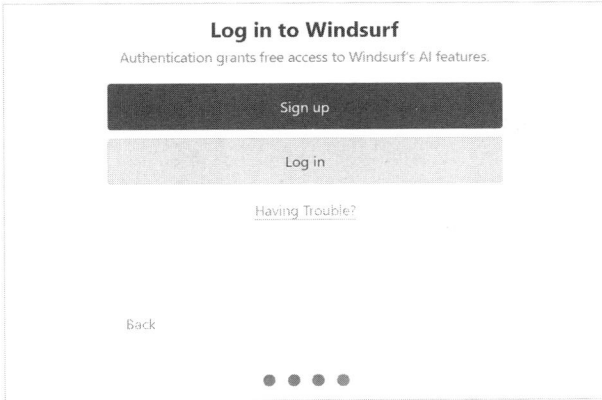

图 3-5　创建账户或使用现有账户登录

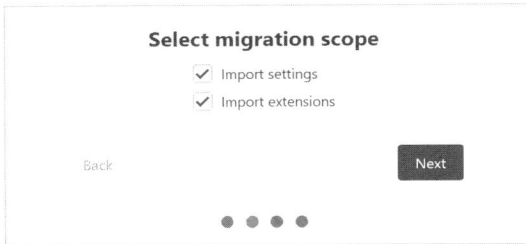

图 3-6　环境配置

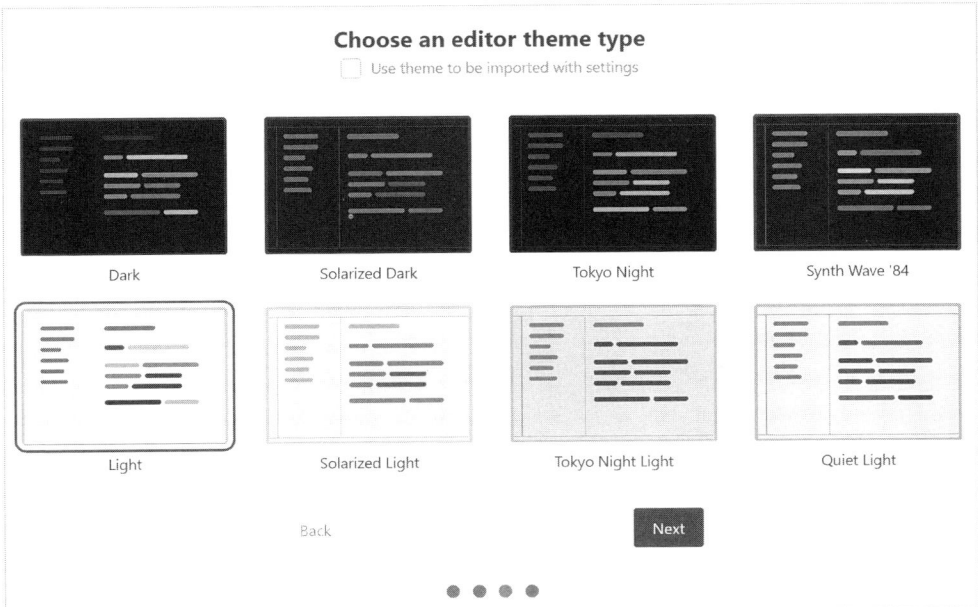

图 3-7　界面主题配置

版本控制系统的配置是团队协作开发的基础。Windsurf原生支持Git，在设置面板的"版本控制"选项中，输入分布式版本控制系统（Git）的用户名和邮箱地址，并选择是否启用安全外壳协议（Secure Shell，SSH）和密钥认证（见图3-8）。平台支持直接连接GitHub、GitLab或Bitbucket账户，简化代码仓库的访问和管理。对于企业内部的版本控制系统，可以配置自定义的服务器地址和认证信息。配置完成后，可以在平台内直接执行常见的Git操作，如提交、推送、拉取和分支管理等。

图3-8　版本控制配置

AI辅助功能的配置是Windsurf平台的特色。在设置面板的"打开联级"选项卡中，可以调整AI助手的行为和响应模式。用户可以选择AI建议的主动程度，使用Cascade编写代码启动新项目（见图3-9），或与Cascade聊天，询问有关代码库或编程的一般建议（见图3-10）。

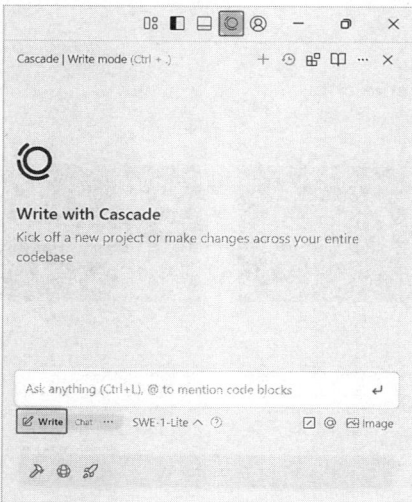

图3-9　使用 Cascade 编写代码

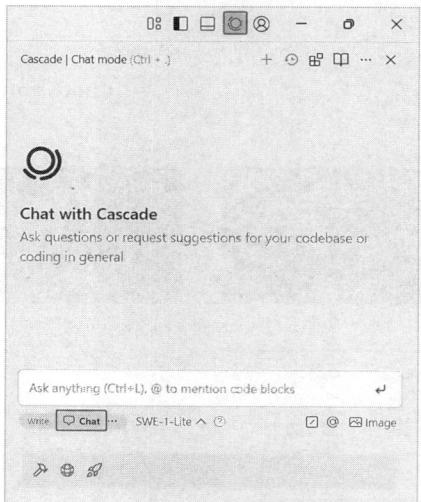

图3-10　与 Cascade 聊天

扩展功能和安装插件可以进一步增强Windsurf的功能。打开设置面板的"扩展"选项卡，浏览并安装官方和第三方提供的扩展功能（见图3-11）。常用扩展功能包括特定语言的语法高亮显示、代码格式化工具、测试框架集成和特定框架的支持包。安装扩展插件后，平台会自动整合其功能，无须额外配置。

调试环境的配置对于高效开发至关重要。在设置面板的"调试"选项卡中，可以配置调试器设置，如断点行为、变量监视和调用堆栈显示方式（见图3-12）。对于Web开发，可以配置浏览器集成，实现实时预览和调试。对于移动应用开发，则可以配置设备模拟器或真机调试选项。平台支持多种调试协议，能够与大多数主流编程语言的调试工具无缝集成。

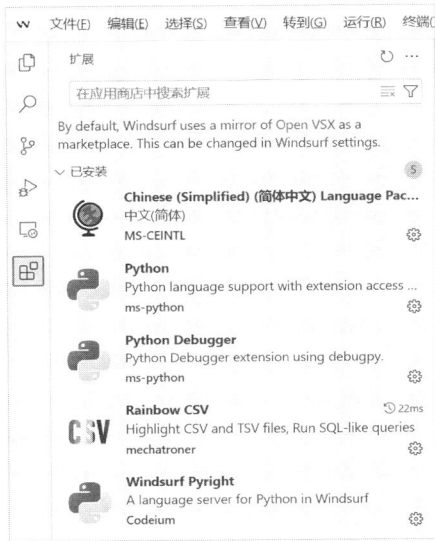

图 3-11　扩展功能配置

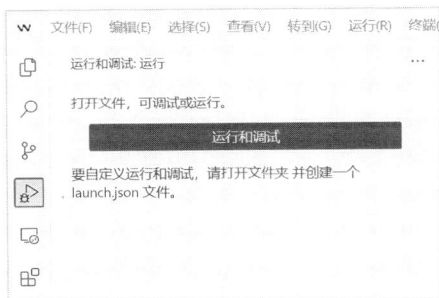

图 3-12　调试配置

完成上述配置步骤后，Windsurf开发环境已经准备就绪。打开欢迎界面，可以创建新项目或打开现有项目开始开发。平台会记住环境配置，在后续使用中自动应用这些设置。随着使用经验的积累，开发人员可以进一步优化环境配置，使Windsurf更好地适应特定的开发需求和工作习惯。定期更新平台和工具链，确保获得最新功能和安全补丁，保持开发环境的最佳状态。

通过以上系统化的配置过程，开发者能够建立一个高效、个性化的Windsurf开发环境，充分发挥平台的AI辅助能力，提高开发效率和代码质量。无论是个人开发者还是企业团队，合理配置的Windsurf环境都将成为创造优质软件的有力工具。随着项目的推进和需求的变化，可以随时回到设置面板调整配置，保持环境的最优状态。

3.3　Windsurf 基础功能的使用

3.3.1　界面布局与组件

Windsurf平台的界面设计遵循了现代化、简洁高效的原则，为用户提供了直观且功能丰富的开发环境。通过精心组织的界面布局和组件，Windsurf让开发者能够轻松掌握复杂的功能，专注于创意实现而非工具学习。了解这些界面元素及其组织方式，是高效使用Windsurf平台的基础。

进入主工作区，Windsurf的界面分为几个主要部分：顶部的菜单栏和工具栏、左侧的项目导航面板、中央的编辑区域、右侧的AI助手面板，以及底部的状态栏和终端区域（见图3-13）。这种布局既保留了传统IDE的特点，又巧妙地融入了AI辅助功能，让用户在获得智能支持的同时不必适应全新的操作方式。

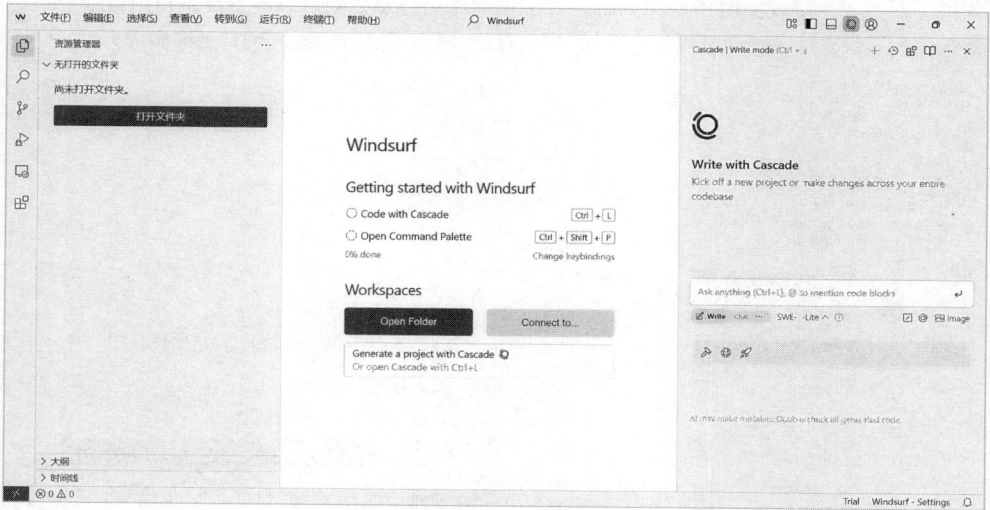

图 3-13　Windsurf 界面

顶部的菜单栏提供了对所有功能的访问入口（见图3-14），包括文件、编辑、选择、查看、引导、运行、终端、帮助和连接助手等。顶部的搜索栏允许用户快速查找项目或命令。菜单项组织清晰，按功能类别分组，便于用户查找。

图 3-14　顶部菜单栏

左侧的项目导航面板是浏览和管理项目文件的中心。这个面板采用树状结构展示项目文件夹和文件，支持拖放操作和上下文菜单。面板中有多个选项卡，除了资源管理器外，还包括搜索结果、源代码管理、运行和调试、远程资源管理器和扩展等（见图3-15）。

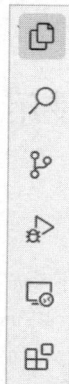

图 3-15　左侧的项目导航面板

中央的编辑区域（编辑器）是开发者工作的主要场所，采用标签式布局，可以同时打开多个文件并快速切换。编辑器支持语法高亮显示、行号显示、代码折叠和缩进指南等基本功能，这些视觉辅助使代码结构更加清晰。编辑器还集成了AI辅助功能，在编码过程中提供实时建议和自动补全功能，这些建议以浮动提示框的形式出现，不干扰正常编辑流程（见图3-16）。代码问题和警告通过波浪下划线和边栏图标直观地标记，鼠标指针悬停可查看详细信息。

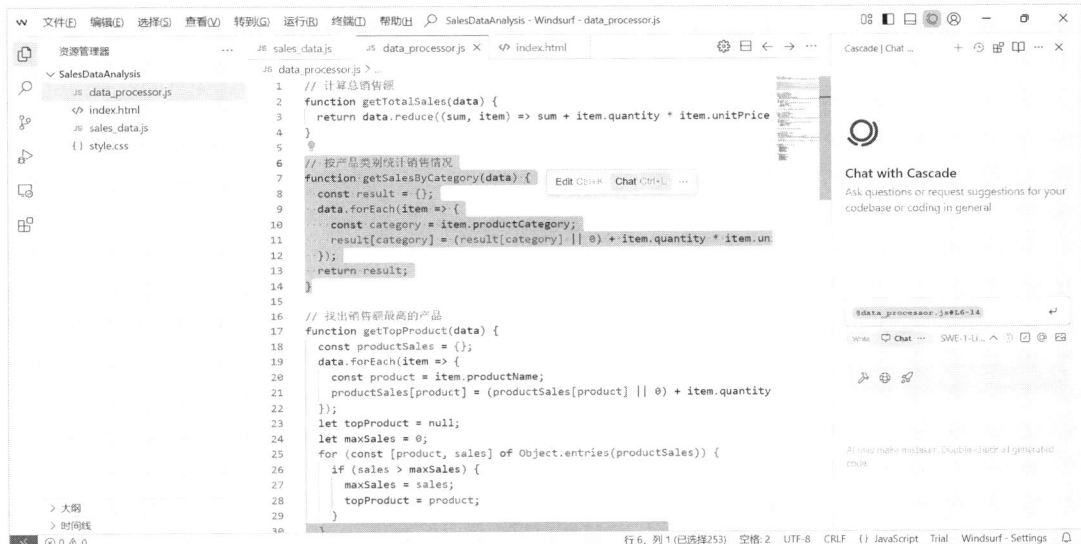

图 3-16　代码编辑区域

右侧的AI助手面板是Windsurf的独特功能，分为几个子区域：顶部的对话输入框、中间的对话历史区，以及底部的上下文信息和建议区（见图3-17）。用户可以在输入框中用自然语言描述需求或提问，AI助手会在对话历史区回复相应的代码或解释。上下文信息区会显示当前编辑文件的相关信息，如函数定义、变量用法等，帮助AI助手提供更准确的建议。助手面板可以根据需要展开或收起，这样在需要集中注意力编码时就不会占用屏幕空间。

底部区域包含状态栏和可切换的面板组。状态栏显示当前项目信息、编辑状态、语言模式、编码方式和光标位置等，还会显示运行任务和提示信息。面板组包括"终端""问题""输出""调试控制台"等选项卡，用户可以通过单击相应的选项卡进行切换（见图3-18）。"终端"选项卡中集成了完整的命令行功能，支持多终端会话和分屏显示，适合执行命令和查看运行输出。"问题"选项卡中汇总了代码中的错误、警告和建议，单击可直接跳转到相应的位置。

Windsurf的"运行和调试"界面中的组件设计精良，包括"变量""监视""调用堆栈""断点"等面板，以及管理器和表达式求值器等（见图3-19）。在启动调试会话时会自动显示这些组件，布局合理，信息展示清晰。"变量"和"监视"面板支持树状展开复杂的对象，"调用堆栈"面板显示函数调用路径，"断点"管理器列出了所有设置的断点并允许用户快速编辑条件。这些工具共同构成了强大的调试环境，帮助开发者高效地定位和解决问题。

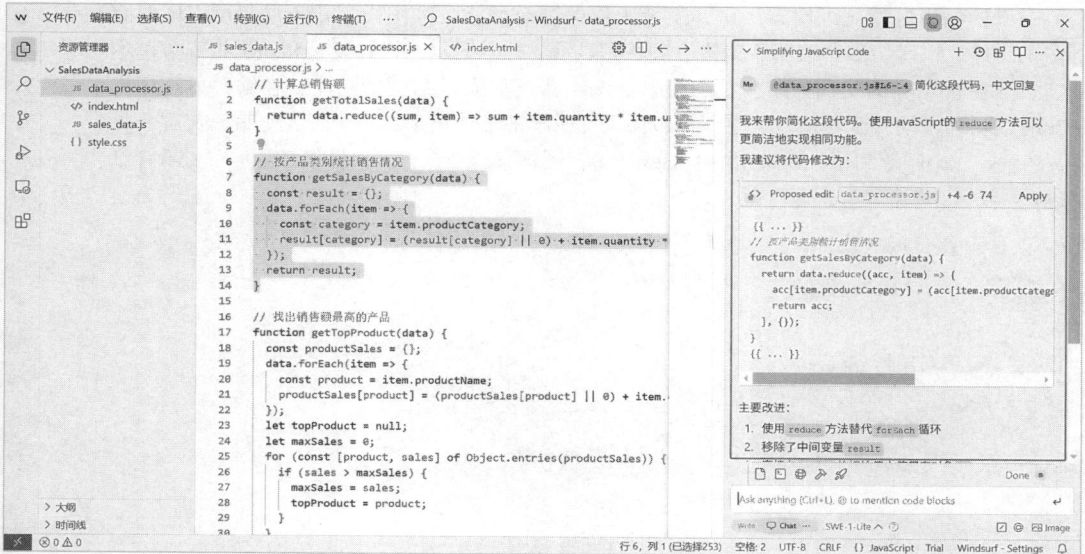

图 3-17　AI 助手面板

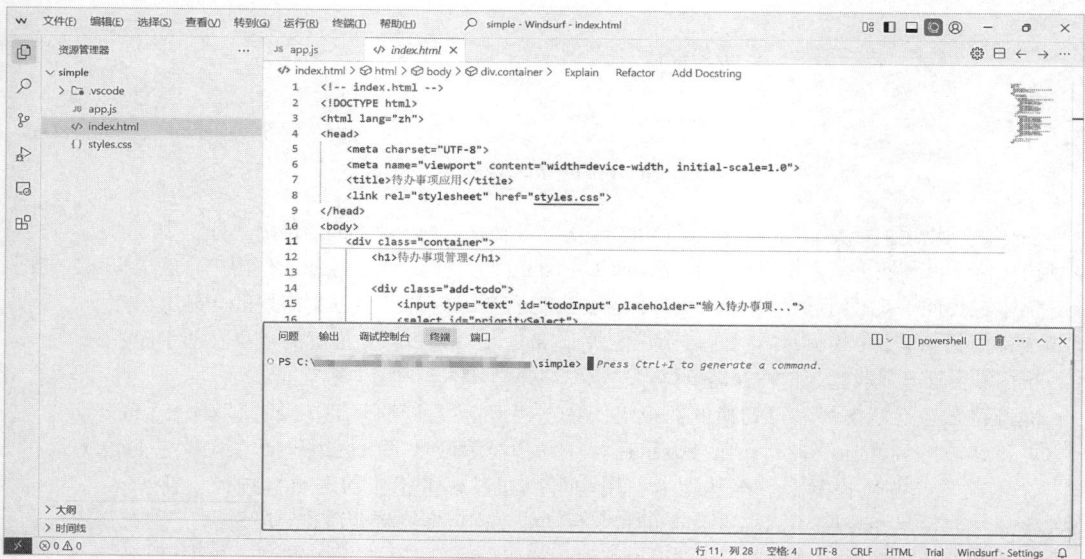

图 3-18　底部区域

　　"源代码管理"面板是Windsurf界面的另一个重要组成部分（见图3-20）。该面板展示了文件的修改状态，并使用颜色编码区分未跟踪、已修改和已暂存的文件。提交界面允许输入提交信息并选择要包含的更改，差异视图以并排或内联的方式展示文件变更。这些界面元素使版本控制操作变得直观，即使是版本控制初学者也能轻松上手。

图 3-19　"运行和调试"界面

图 3-20　"源代码管理"面板

预览和实时更新是Windsurf界面的特色功能，特别适用于前端开发。预览面板可以显示HTML、Markdown等文件的渲染结果，支持实时更新，编辑代码后用户可以立即看到效果的变化。对于Web应用开发，平台提供了内置浏览器，支持响应式设计测试和不同设备的模拟。这种即时反馈机制大大提高了开发效率，减少了切换工具的时间开销。

个性化定制是Windsurf界面的重要特性。用户可以通过拖动鼠标调整面板的大小和位置，甚至可以把分离面板作为独立的窗口，以适应多显示器工作环境。通过选择"文件>首选项>主题>颜色主题"命令进行设置，可以选择明亮或深色模式，以及各种颜色方案，以满足不同光线环境和个人偏好（见图3-21）。字体设置支持用户使用编程专用字体，并可调整字体大小和行间距。这些个性化选项使Windsurf能够适应各种工作环境和用户习惯。

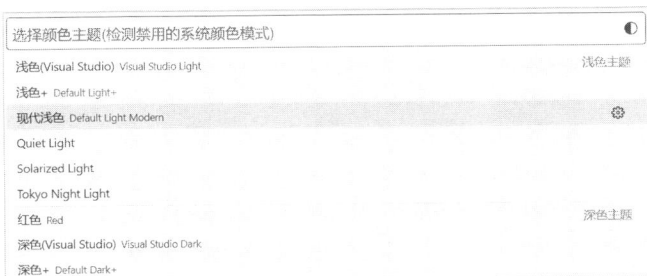

图 3-21　颜色主题

Windsurf的界面支持辅助功能，以照顾有特殊需求的用户。高对比度模式提高了文本和背景的对比度，键盘导航允许用户完全通过键盘操作所有功能，屏幕阅读器兼容性确保有视力障碍的用户也能高效地使用平台。这些功能体现了Windsurf的包容性设计理念，以确保所有开发者都能平等地使用平台资源。

Windsurf的界面支持工作区和布局预设，用户可以为不同类型的开发任务保存不同的界面配置。例如，前端开发可以启用代码编辑器和预览并排显示，后端开发则可以强调终端和调试工具。这些预设可以一键切换，省去了每次手动调整的麻烦，让开发者能够快速进入最适合当前任务的工作状态。

通过这些精心设计的界面布局和组件，Windsurf为用户提供了既直观又强大的开发环境。无论是编码、调试、版本控制还是AI辅助，每个功能都有其合理的位置和清晰的视觉表现。了解并熟练使用这些界面元素，是充分发挥Windsurf平台潜力的第一步，也是提高开发效率的基础。随着使用经验的积累，开发者会逐渐形成适合自己的工作流程，充分利用Windsurf的界面优势，实现更高效的AI辅助开发。

3.3.2　基本操作指南

Windsurf平台提供了丰富的基本操作功能，掌握这些操作是高效使用平台的关键。从项目创建到文件管理，从代码编辑到基础调试，这些操作构成了日常开发工作的基础。通过系统地学习这些基本操作，即使是初学者也能快速适应Windsurf平台，开始享受AI辅助开发的便利。

启动Windsurf后，创建新项目是最常见的起始操作。在欢迎界面选择菜单栏中的"文件>新建文本文件"命令，系统会显示"选择语言、填充模板、打开其他编辑器以开始使用"，如Python、html等（见图3-22）。选择适合的模板后，新项目会自动包含基本文件结构和配置，大大简化了项目初始化过程。

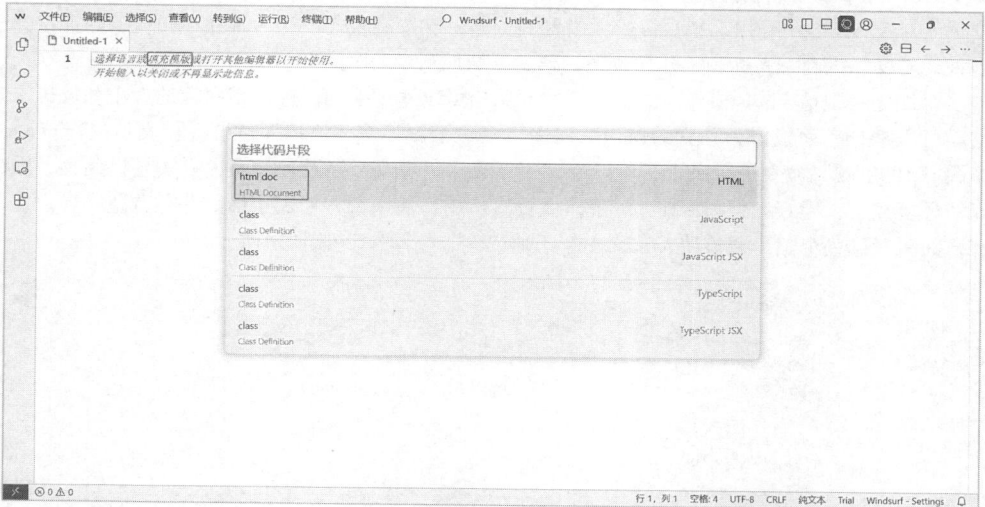

图3-22　新建文本文件

打开已有项目同样简单。在欢迎界面的最近项目列表中单击项目名称（见图3-23），或使用"文件>打开"命令选择项目文件夹。Windsurf会记住最近打开的项目，方便用户快速访问。

打开项目后，文件管理是基本操作之一。在左侧的项目导航面板中，可以浏览项目文件和文件夹。在文件或文件夹上单击鼠标右键，弹出上下文菜单，提供了重命名、删除、复制、剪切等命令（图3-24）。用户也可以使用拖放的方式移动文件或调整文件顺序。双击文件，在编辑区将其打开，已打开的文件显示在编辑区顶部，单击相应的标签可以切换文件。在选项卡上单击鼠标右键，可以选择"关闭""关闭其他""关闭全部"等命令，方便用户管理多个打开的文件（见图3-24）。

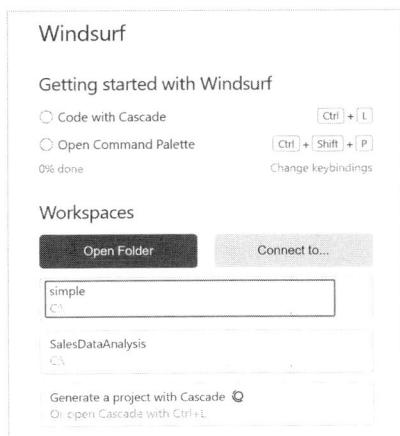

图 3-23　打开已有项目

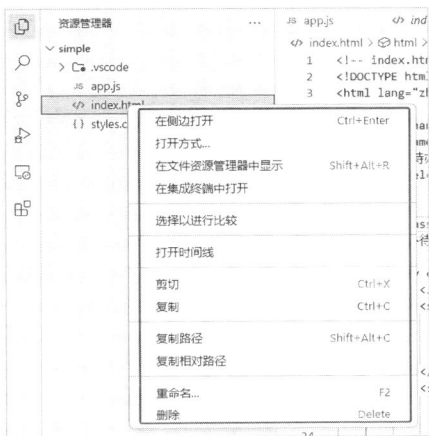

图 3-24　文件管理

创建新文件有多种方式。用户可以在项目导航面板中的目标文件夹上单击鼠标右键，选择"新建文件"命令（见图3-25），输入文件名（包括扩展名）后，会立即在编辑区打开新文件。

文件保存操作遵循标准模式。用户可以使用键盘快捷键Ctrl+S（Windows/Linux系统使用）或Command+S（macOS系统使用），或单击工具栏中的保存图标，或选择菜单栏中的"文件>保存"命令（见图3-26）。对于新创建且未保存的文件，系统会提示用户选择保存位置。Windsurf支持自动保存功能，用户可在设置中配置自动保存间隔，以防止意外情况导致工作丢失。文件的修改状态通过标签上的指示符显示，未保存的更改会用星号标记。

图 3-25　新建文件

图 3-26　"保存"命令

代码编辑是开发工作的核心。Windsurf编辑器支持所有标准编辑操作，如复制、粘贴、剪切、撤销和重做。这些操作可以通过键盘快捷键、右键快捷菜单或工具栏中的按钮执行。特别值得一提的是多光标编辑功能，按住Alt键（Windows/Linux系统使用）或Option键（macOS系统使用）的同时单击不同的位置，可以创建多个光标，同时编辑多处内容。也可以按快捷键Ctrl+D（Windows/Linux系统使用）或Command+D（macOS系统使用）选择当前单词，然后连续按该快捷键选择下一个相同的单词，实现批量编辑。

代码导航功能可以帮助用户在大型文件中快速定位。使用快捷键Ctrl+G（Windows/Linux系统使用）或Command+G（macOS系统使用）跳转到指定行号（见图3-27）。按快捷键Ctrl+F（Windows/Linux系统使用）或Command+F（macOS系统使用）打开搜索面板，支持普通搜索、正则表达式搜索和大小写敏感搜索（见图3-28）。按快捷键Ctrl+H（Windows/Linux系统使用）或Command+Option+F（macOS系统使用）打开替换面板，可以进行搜索替换操作（见图3-29）。对于支持的编程语言，按F12键或选择右键快捷菜单中的"转到定义"命令可以跳转到符号定义处，按快捷键Shift+F12可以显示所有引用位置。

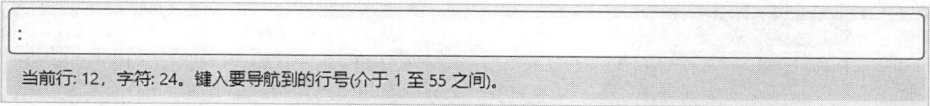

图 3-27　查找代码行号

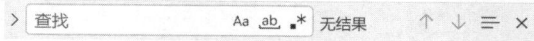

图 3-28　查找代码

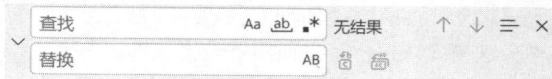

图 3-29　替换代码

代码格式化是保持代码整洁的重要操作。选中代码块后，使用快捷键Shift+Alt+F（Windows/Linux系统使用）或Shift+Option+F（macOS系统使用），或右键快捷菜单中的"格式化文档"命令可以自动格式化代码（见图3-30）。Windsurf根据文件类型应用适当的格式化规则，如缩进、空格、换行等。用户可以在设置中定制这些规则，以适应团队的编码规范。对于支持的语言，平台还提供了更细粒度的格式化选项，如仅格式化选中区域或特定语法元素。

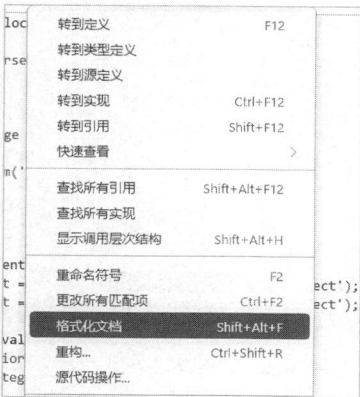

图 3-30　"格式化文档"命令

编程语言相关的基本操作包括语法检查和自动补全。在编码过程中，Windsurf可以实时检查语法错误，并在出错位置显示删除线（见图3-31）。将鼠标指针悬停在删除线上，会显示错误详情和可能的修复建议。自动补全功能在输入代码时自动触发，显示符合上下文的补全选项。用户可以使用Tab键或Enter键接受建议，或继续输入，缩小候选范围。对于函数调用，平台会显示参数提示，帮助用户正确填写参数。

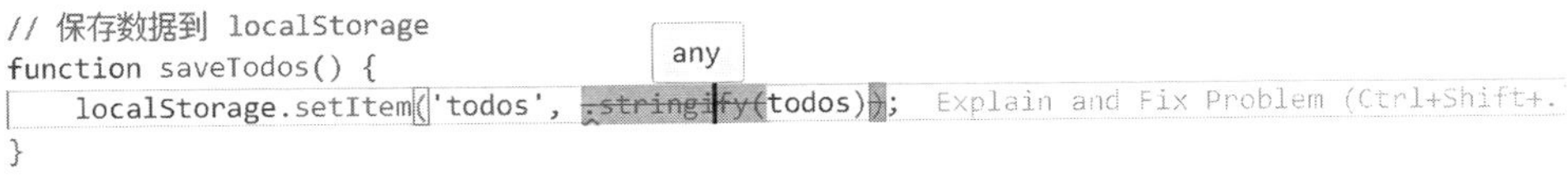
// 保存数据到 localStorage
function saveTodos() {
any
localStorage.setItem('todos', .stringify(todos));
Explain and Fix Problem (Ctrl+Shift+.
}

图 3-31　语法检查

代码折叠功能有助于处理长文件。编辑器左侧的折叠标记允许用户折叠或展开代码块，如函数、类定义、循环体等。用户也可以使用快捷键Ctrl+Shift+[（Windows/Linux系统使用）或Command+Option+[（macOS系统使用）折叠当前代码块（见图3-32），使用快捷键Ctrl+Shift+]（Windows/Linux系统使用）或Command+Option+]（macOS系统使用）展开当前代码块。

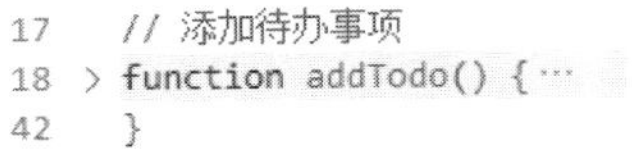
17 // 添加待办事项
18 > function addTodo() {…
42 }

图 3-32　代码折叠

终端操作是命令行任务的基础。使用快捷键Ctrl+Shift（Windows系统使用）或Ctrl + Alt + T（Linux系统使用）或Command（⌘）+ N（macOS系统使用），或选择菜单栏中的“终端>新建终端”命令，可以新建终端（见图3-33）。终端支持所有标准命令行操作，包括历史命令浏览、自动补全和多行编辑。用户可以创建多个终端会话，通过终端面板顶部的下拉菜单或加号按钮切换或新建。终端默认在项目根目录启动，但可以通过CD命令切换到其他目录。

终端(T)
帮助(H)
simple - Windsurf - ap
新建终端 Ctrl+Shift+`
拆分终端 Ctrl+Shift+5
运行任务...
运行生成任务... Ctrl+Shift+B
运行活动文件
运行所选文本
显示正在运行的任务...
重启正在运行的任务...
终止任务...

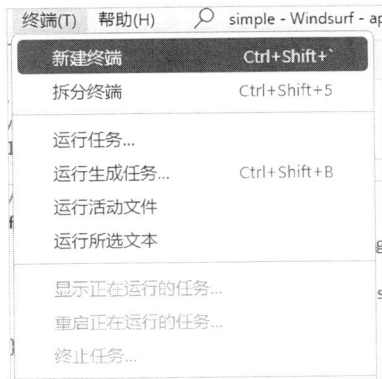

图 3-33　新建终端

运行和调试是测试代码的基本操作。单击工具栏中的运行按钮或使用F5键，启动当前文件或项目（见图3-34）。平台会根据文件类型选择适当的运行方式，如启动Web服务器、运行脚本或编译并执行程序。在调试模式下，用户可以设置断点（单击编辑器左侧边栏或使用F9键），然后启动调试会话。调试控制面板提供了继续、单步执行、步入、步出等操作按钮，方便用户控制程序执行流程。

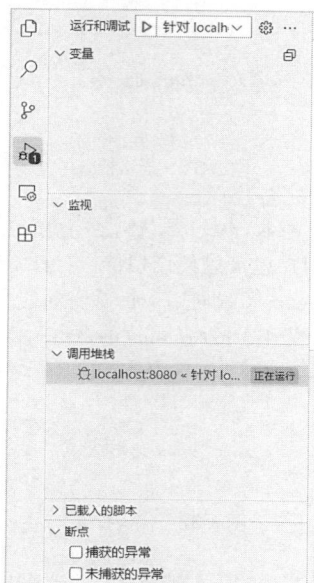

图 3-34　运行和调试

文件比较是版本控制和代码审查的常用操作。选择两个文件后，在右键快捷菜单中选择"将已选项进行比较"命令，或使用命令面板（Ctrl+Shift+P或Command+Shift+P）输入Compare，找到比较命令。比较视图以并排或内联的方式显示文件差异，使用颜色标记添加、删除和修改的部分（见图3-35）。差异导航按钮允许用户跳转到上一个或下一个差异点，也可以选择接受或拒绝特定更改。

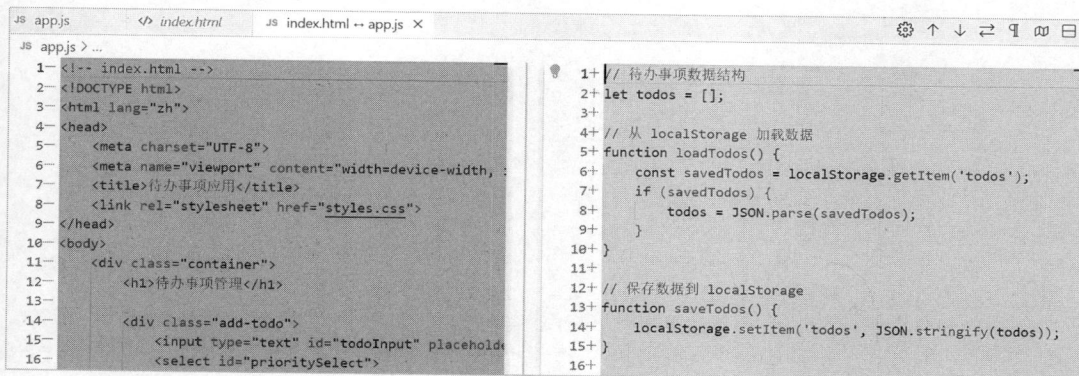

图 3-35　文件比较

快捷命令面板是高效操作的利器。按快捷键Ctrl+Shift+P（Windows/Linux系统使用）或Command+Shift+P（macOS系统使用）打开命令面板，输入命令名称的部分文字即可快速找到并执行命令（见图3-36）。命令面板包含Windsurf的几乎所有功能，用户无须记忆复杂的菜单位置或快捷键。常用命令会显示在列表顶部，并显示对应的快捷键，有助于学习和记忆常用操作的快捷方式。

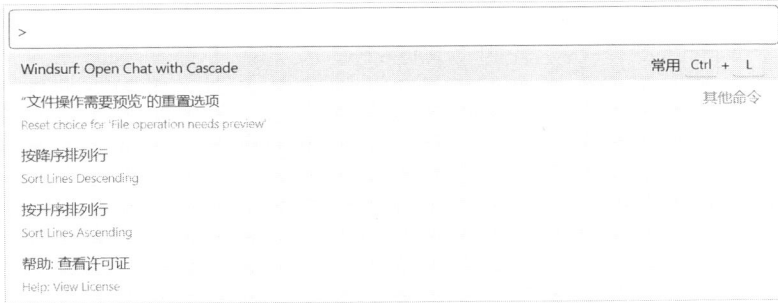

图 3-36　快捷命令面板

　　分屏编辑提高了工作效率。拖动编辑器标题栏到编辑区边缘，会出现分屏预览，释放鼠标后将编辑区分为多个部分（见图3-37）。用户也可以在标题栏单击鼠标右键，选择"向右拆分"或"向下拆分"命令。分屏布局允许用户同时查看和编辑多个文件，特别适合需要参考其他代码或文档的场景。每个分屏区域都可以独立滚动和操作，用户可以通过拖放调整大小或关闭不需要的分屏区域。

图 3-37　分屏编辑

　　工作区可以帮助用户组织复杂的项目。Windsurf支持多工作区，用户可以同时打开多个项目或同一项目的不同部分。使用"文件>将文件夹添加到工作区"命令添加额外的文件夹，或使用"文件>将工作区另存为"命令将当前工作区配置保存为.code-workspace文件，方便日后快速恢复（见图3-38）。工作区配置包括打开的文件夹、编辑器布局和环境设置，适合处理跨越多个代码库的复杂开发任务。

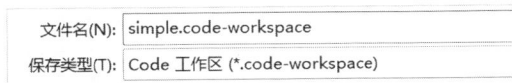

图 3-38　保存工作区

　　偏好设置是个性化平台的基本操作。通过选择菜单栏中的"文件>首选项>设置"命令，或按快捷键Ctrl+,（Windows/Linux系统使用）或Command+,（macOS系统使用）可以打开设置面板（见图3-39）。设置分为用户设置和工作区设置，前者适用于所有项目，后者仅适用于当前项目。设置以JSON格式存储，支持用户搜索和筛选，从而方便用户找到特定选项。常见设置包括编辑器字体、缩进大小、自动保存、颜色主题等，调整这些设置可以创建更舒适的开发环境。

图3-39　偏好设置

这些基本操作构成了Windsurf平台的操作基础，掌握这些操作后，用户可以流畅地进行日常开发工作。虽然Windsurf还有许多高级功能，但这些基本操作已经覆盖了大部分常见需求。随着使用经验的积累，用户可以逐步探索更多功能，如插件安装、自定义快捷键、高级调试技术等，进一步提升开发效率。Windsurf的设计理念是让基本操作简单直观，同时为高级用户提供深度定制能力，以满足不同经验水平用户的需求。

以上内容全面介绍了Windsurf平台的基础知识，为开发者提供了系统化的入门指导。通过对平台特性和技术架构的剖析，读者能够准确把握Windsurf在现代开发生态中的定位和价值。掌握Windsurf的基础知识是进行高效开发的关键的第一步，开发者已经具备了利用这一平台进行基础项目开发的能力，为后续深入学习和实践奠定了坚实的基础。Windsurf简洁而强大的特性将帮助开发者在未来的项目中创造出更加出色的应用。

3.3.3　用自然语言生成Windsurf组件

Windsurf平台提供了直观的操作方式，掌握这些基本操作能够显著提升开发效率。以下是详细的操作步骤，可以帮助新用户快速熟悉平台的核心功能。

（1）创建新项目。

项目创建是使用Windsurf平台的第一步，通过内置的项目模板系统，用户可以快速启动各种类型的开发工作。Windsurf提供了丰富的模板，从简单的单页应用到复杂的企业级项目都有对应的初始配置，大大简化了项目初始化过程。按照以下步骤，即使是初次使用Windsurf的开发者也能轻松创建符合最佳实践的项目结构。

步骤1：打开项目创建向导。

在Windsurf主界面，单击左上角的"文件"菜单，从下拉菜单中选择"新建项目"命令。或者使用快捷键Ctrl+Shift+N（Windows/Linux系统使用）或Command+Shift+N（macOS系统使用）直接打开项目创建向导。项目创建向导提供了多种项目模板，包括Web应用、移动应用、桌面应用等类型。

步骤2：选择项目类型。

在项目创建向导中，浏览可用的项目模板，选择最适合当前开发需求的类型。每个项目类型都有详细说明，包括适用场景、技术栈和主要功能特点。选择合适的项目类型可以获得预配置的文件结构和依赖项，从而节省初始设置时间。

步骤3：配置项目信息。

选择项目类型后，填写项目基本信息，包括项目名称、存储位置、描述等。根据所选项目类型，可能需要配置额外的技术选项，如框架版本、CSS预处理器、测试工具等。这些设置将影响项目的初始结构和可用功能。

步骤4：确认创建。

检查配置信息无误后，单击"创建"按钮完成项目的创建。Windsurf将自动生成项目骨架，包括必要的文件和文件夹结构，并安装基本依赖项。创建完成后，将在工作区中打开项目，用户可以立即开始开发工作。

（2）使用AI助手。

AI助手是Windsurf平台的核心创新功能，它将先进的人工智能技术与传统开发环境无缝集成，为开发者提供实时的智能支持。不同于简单的代码补全工具，Windsurf的AI助手能够理解开发上下文，提供有针对性的建议和解决方案，甚至可以生成完整的功能模块。熟练使用AI助手可以显著减少重复性工作，让开发者将更多精力集中在创意和架构设计上。

步骤1：激活AI助手面板。

在Windsurf界面右侧，找到并单击AI助手图标，也可以使用快捷键Alt+A（Windows/Linux系统使用）或Option+A（macOS系统使用）打开AI助手面板。AI助手面板是与内置人工智能交互的主要界面，提供代码生成、问题解答和开发建议等功能。

步骤2：输入自然语言请求。

在AI助手面板顶部的输入框中，使用自然语言描述当前的需求或问题。输入的内容可以是功能需求描述、代码问题咨询、开发建议请求等。描述应尽量具体明确，包含必要的上下文信息，以获得更准确的响应。

步骤3：查看AI建议。

提交请求后，AI助手会在几秒钟内生成响应，包括代码示例、解释说明或解决方案建议。如果响应内容包含代码，可以直接预览代码效果，或单击"插入代码"按钮将代码添加到当前编辑的文件中。

步骤4：提供反馈。

对AI助手的响应进行评价，可以单击相应的按钮提供反馈。如果需要进一步改进或调整，可以在对话框中继续输入更详细的需求或问题，AI助手会基于之前的交互提供更精准的建议。

（3）编辑与预览。

Windsurf的编辑与预览功能融合了现代集成开发环境（IDE）高效与直观的特点，为开发者提供了流畅的编码体验。强大的代码编辑器不仅支持各种语言的语法高亮显示和智能提示，还集成了代码分析工具，帮助开发者编写高质量的代码。实时预览功能则让开发者能够立即看到代码变更的效果，缩短反馈循环，加速开发进程。这种编辑与预览的紧密结合是Windsurf平台提升开发效率的关键特性之一。

步骤1：编辑代码文件。

在左侧的项目导航面板中，双击要编辑的文件，将其打开。文件会在中央编辑区以标签的形式打开，并支持同时打开多个文件并快速切换。编辑器提供语法高亮显示、自动缩进、代码折叠等功能，从而提高编码效率。

步骤2：使用智能编辑功能。

在编码过程中，利用智能编辑功能可以提高效率。用户可以使用代码片段（输入触发词后按Tab键展开）、自动补全（编辑时自动显示建议列表）、快速修复（鼠标指针悬停在错误处时显示修复建议）等功能，减少手动输入和降低错误率。

步骤3：启动实时预览。

对于Web项目，可以启动实时预览查看开发效果。单击顶部工具栏中的"预览"按钮，或者使用快捷键Ctrl+Shift+P（Windows/Linux系统使用）或Command+Shift+P（mac OS系统使用），Windsurf会启动内置浏览器显示当前项目的运行效果。实时预览支持热重载，用户编辑代码后软件会自动刷新，立即显示更改效果。

步骤4：调整预览设置。

在预览模式下，用户可以使用顶部的设备选择器切换不同的设备视图，测试响应式设计。单击预览窗口顶部工具栏中的按钮，可以打开开发者工具、刷新页面、更改预览设备类型或调整缩放比例，方便全面测试应用在不同环境里的表现。

（4）使用自然语言生成组件。

自然语言生成组件是Windsurf平台最具革新性的功能之一，它将传统的手动编码方式转变为描述驱动的开发模式。开发者只需用日常语言描述所需的界面元素和功能，AI系统就能理解其意图并生成相应的代码。这种方法不仅大大提高了开发速度，还降低了编程门槛，让设计思维能够更直接地转化为实际产品。无论是原型的快速迭代还是复杂组件的构建，都能提供显著的效率提升。

步骤1：打开组件生成工具。

在Windsurf界面中，选择菜单栏中的"工具＞组件生成器"命令，或使用快捷键Ctrl+Alt+C（Windows/Linux系统使用）或Command+Option+C（macOS系统使用）。组件生成工具是Windsurf的特色功能，允许用户通过自然语言描述快速创建UI组件。

步骤2：描述所需组件。

在组件生成器的输入区域，使用自然语言详细描述需要的组件。描述应包含组件类型、功能、样式特点和交互行为等关键信息。例如，"创建一个带搜索功能的响应式导航栏，包含品牌Logo、下拉菜单和深色主题切换按钮"。描述越详细，生成的组件越符合预期。

步骤3：选择技术框架。

在描述输入框下方，从下拉列表中选择目标技术框架，如React、Vue、Angular或原生HTML/CSS/JavaScript。系统会根据选择的框架生成相应格式的代码。框架选择应与当前项目保持一致，确保生成的组件可以无缝集成。

步骤4：生成并预览组件。

单击"生成组件"按钮，Windsurf会分析描述内容并创建相应的组件代码。生成完成后，右侧预览区会显示组件的实际效果。预览区支持交互测试，用户可以进行单击按钮、输入文本等操作，验证组件的功能是否符合预期。

步骤5：调整和完善。

检查生成的组件，如果需要调整，可以直接修改生成的代码，或者返回描述输入区，添加更多细节后重新生成。在调整过程中，预览区会实时更新，显示最新效果。满意后，单击"应用"按钮，组件代码将被插入到当前编辑的文件中，或被创建为新的组件文件。

通过掌握这些基本操作，开发者可以充分利用Windsurf平台的强大功能，特别是AI辅助开发能力，显著提升开发效率和代码质量。随着使用经验的积累，开发者可以逐步探索平台的更多高级功能，构建出更加复杂和精细的应用程序。

3.3.4　Windsurf智能开发平台解析

Windsurf智能开发平台是新一代AI驱动的集成开发环境，通过创新的人工智能技术与传统开发工具的深度融合，为开发者提供高效、智能的编程体验。接下来将详细介绍Windsurf平台的核心架构、功能特性及应用场景，帮助开发者充分理解和利用这一强大工具。

Windsurf平台的核心是其AI引擎，它集成了多种先进的机器学习模型，能够理解代码语义、预测开发者的意图，并提供实时建议。与传统的IDE不同，Windsurf不仅仅是一个代码编辑器，更是一个智能协作伙伴，能够与开发者进行自然语言交互，将复杂的开发任务简化为简单的对话指令。

Windsurf平台的架构由4层组成：底层是高性能的代码分析引擎，能够实时解析和理解各种编程语言；中间层是AI模型集群，包含代码生成、语义理解和错误预测等专用模型；上层是交互界面，提供直观的用户体验；最外层是扩展系统，支持通过插件和API扩展平台功能。

在技术栈方面，Windsurf采用了模块化设计，核心组件包括代码智能分析系统、自然语言处理引擎、实时协作服务、版本控制集成和云端开发环境。这些组件协同工作，为开发者提供从代码编写到项目管理的全流程支持。

Windsurf平台的最大特色是其深度AI集成，具体表现在以下几个方面。自然语言代码生成是Windsurf的核心功能，开发者只需用日常语言描述需求，系统就能理解并生成相应的代码。这种功能不仅适用于简单的函数或组件，还能处理复杂的算法和架构设计，大大简化了从创意到实现的过程。

上下文感知的智能提示超越了传统IDE的自动补全功能，Windsurf能够理解当前的编程上下文，提供更加准确和有用的建议。具体包括变量名推荐、函数调用提示、代码结构建议等，甚至能预测开发者的下一步操作意图。

实时代码分析与优化功能在编码过程中持续运行，平台会分析代码质量并识别潜在的问题。从性能瓶颈到安全漏洞，再到可维护性问题，系统都能提供有针对性的优化建议，帮助开发者编写更高质量的代码。

智能调试辅助可将传统的调试过程提升到新水平。当代码出现错误时，Windsurf不仅会精确定位问题所在，还会解释错误的原因并提供修复方案。这种智能辅助大大缩短了排查问题的时间，让开发者能够更快地解决技术难题。

自动化测试生成让测试驱动开发变得更加简单。基于对代码功能的理解，平台能够自动生成单元测试和集成测试，确保代码质量和稳定性。这些测试用例会考虑边界条件和异常情况，提供全面的测试。

下面以待办清单应用的开发为例，展示Windsurf平台的实际应用价值。在传统开发模式下，即使是这样相对简单的应用，也需要开发者手动编写大量HTML、CSS和JavaScript代码，而使用Windsurf，整个过程可以大幅简化。

在开发过程中，用户只需向AI助手描述具体需求，如"设计一个待办清单应用，任务需要有添加与删除功能"，并列出所需的具体功能点。Windsurf会迅速理解这些需求，并生成完整的代码实现，包括HTML结构、CSS样式和JavaScript交互逻辑。

当需要实现更复杂的功能，如状态管理、本地数据存储或主题切换时，同样只需提供自然语言描述，平台就能生成符合最佳实践的代码实现。这种方式不仅提高了开发效率，还确保了代码质量的一致性。Windsurf将烦琐的编码工作转变为简单的对话交流，让开发者能够专注于创意和业务逻辑，而不是被技术细节所困扰。这种开发模式不仅适合经验丰富的开发者提升效率，也为编程初学者提供了宝贵的学习工具，以下为实施步骤。

步骤1：环境准备。

Windsurf平台支持多种操作系统和开发环境，安装过程简单直观。首先需要从官方网站下载最新版本的安装包，根据系统类型选择对应版本。在安装过程中，Windsurf会自动检测并配置必要的依赖项，确保平台能够正常运行。

完成基础安装后，需要进行初始设置，包括选择开发语言、配置编辑器主题、设置AI助手参数等。这些设置可以随时调整，以适应不同的开发需求和个人偏好。

步骤2：项目创建与配置。

使用Windsurf创建新项目时，可以从多种预设模板中选择，也可以从头开始建立自定义项目。平台提供了直观的项目配置界面，让开发者能够轻松设置项目参数、依赖项和构建选项。

对于团队协作项目，Windsurf支持与主流版本控制系统的无缝集成，包括Git、开源的集中式版本控制系统等。开发者可以直接在平台内进行代码提交、分支管理和冲突解决，无须切换到外部工具。

步骤3：AI辅助开发。

Windsurf的AI助手是开发过程中的核心助力。使用方法非常简单，在编辑区域工作时，可以随时打开助手面板，通过自然语言提出问题或描述需求。AI助手会根据当前上下文提供相关建议，包括代码示例、API用法、最佳实践等。

例如，在开发待办清单应用时，可以向AI助手询问"如何实现任务状态的持久化存储"，助手会提供基于localStorage或IndexedDB的实现方案，并解释各方案的优缺点，帮助开发者做出最佳选择。

步骤4：智能代码生成。

代码生成是Windsurf最强大的功能之一。开发者只需描述所需功能，平台就能生成相应的代码。这不仅局限于简单的代码片段，还可以是完整的功能模块或组件。

生成的代码会自动适应项目的技术栈和编码风格，确保与现有代码的一致性。开发者可以审查生成的代码，根据需要进行修改或直接将其集成到项目中。

步骤5：调试与优化。

Windsurf提供了强大的调试工具，支持断点设置、变量监视、条件断点等常规功能，同时结合AI分析能力，提供更智能的调试体验。

在性能优化方面，平台会自动分析代码执行效率，识别潜在的性能瓶颈并提供优化建议。这些建议基于大量的最佳实践和性能数据，能够帮助开发者编写更高效的代码。

Windsurf平台通过AI赋能开发流程，为开发者带来了全方位的优势。在效率方面，平台显著减少了重复性工作，加快了开发速度。

代码质量保障是另一个突出优势。Windsurf的内置代码分析功能能够实时检测潜在问题，从简单的语法错误到复杂的逻辑缺陷都能及时发现。自动生成的测试用例可以确保代码在各种情况下都能正常工作，大大降低了线上故障的风险。

对于学习新技术，Windsurf也是理想的辅助工具。平台内置的AI助手能够提供即时的技术指导和学习资源，这种交互式学习方式比传统的文档阅读方式更加高效，特别适合当前快速变化的技术环境。

在团队协作方面，Windsurf提供了实时协作和知识共享功能，促进了团队成员之间的沟通和协作。代码审查、问题讨论和方案设计都可以在平台内完成，减少了工具切换的成本，提升了团队整体效率。

跨平台支持让开发者在不同的环境里都能获得一致的体验。无论是开发桌面应用还是Web应用，Windsurf都提供了完整的工具链和流畅的开发体验，实现了真正的一次学习，多方应用。

第4章

入门项目实战

4.1 用 Cursor 开发个人主页

4.1.1 页面布局设计

个人主页的页面布局是整个网站的骨架，一个结构清晰、层次分明的布局能够有效地传达个人信息。接下来将详细介绍如何使用Cursor设计并实现一个专业、美观的个人主页，从基本结构到细节美化，一步步构建一个令人印象深刻的在线名片。

步骤1：创建一个新的项目文件夹，将其命名为Personal Homepage。创建完毕后，打开Cursor编辑器，在Cursor编辑器的主页面上，找到并单击Open project（打开项目文件夹）按钮（见图4-1），这样就可以浏览计算机的文件系统。接下来浏览到刚才创建的文件夹，并选择它。

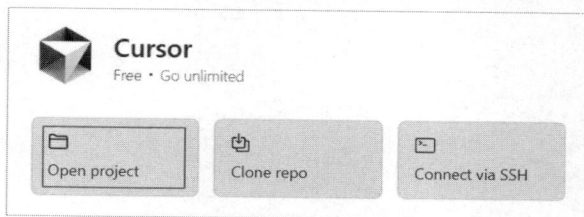

图 4-1 单击 Open project 按钮

步骤2：在侧边栏的输入框中输入："帮我创建一个个人主页网站的基础布局，包含以下部分：顶部导航栏（带Logo和菜单）；个人简介区域（左侧头像，右侧文字介绍）；技能展示区（使用卡片式布局）；项目展示区（网格布局展示项目缩略图和简介）以及底部联系方式。需要HTML结构和基础CSS样式，布局要清晰，视觉层次分明。使用Flexbox或Grid进行布局，添加适当的间距和背景色区分各部分"。这一指令，并单击"发送"按钮（见图4-2）。

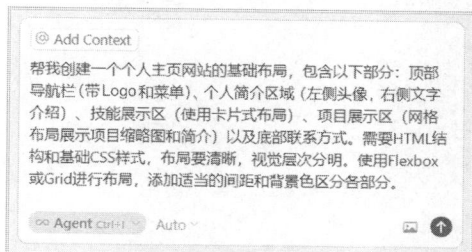

图 4-2 输入指令

步骤3：生成代码。Cursor会根据要求生成对应的代码，单击"Accept flie"按钮，即可创建个人主页的基础布局和样式，index.html 包含顶部导航栏、个人简介、技能展示、项目展示和底部联系方式等，具体代码如下。

```html
<!DOCTYPE html>
<html lang="zh-CN">
<head>
  <meta charset="UTF-8">
  <meta name="viewport" content="width=device-width, initial-scale=1.0">
  <title>个人主页</title>
  <link rel="stylesheet" href="style.css">
</head>
<body>
  <!-- 顶部导航栏 -->
  <header class="navbar">
    <div class="logo">MyLogo</div>
    <nav class="menu">
      <a href="#about">关于我</a>
      <a href="#skills">技能</a>
      <a href="#projects">项目</a>
      <a href="#contact">联系</a>
    </nav>
  </header>

  <!-- 个人简介区域 -->
  <section class="about" id="about">
    <div class="about-container">
      <img class="avatar" src="./img/avatar.png" alt="头像">
      <div class="about-text">
        <h1>你的名字</h1>
        <p>这是你的个人简介。可以介绍你的专业、兴趣、经历等。</p>
      </div>
    </div>
  </section>

  <!-- 技能展示区 -->
  <section class="skills" id="skills">
    <h2>技能</h2>
    <div class="skills-cards">
      <div class="skill-card">HTML5</div>
      <div class="skill-card">CSS3</div>
      <div class="skill-card">JavaScript</div>
      <div class="skill-card">React</div>
      <div class="skill-card">Node.js</div>
    </div>
  </section>

  <!-- 项目展示区 -->
  <section class="projects" id="projects">
    <h2>项目</h2>
    <div class="projects-grid">
      <div class="project-card">
        <img src="./img/project1.png" alt="项目 1">
        <div class="project-info">
          <h3>项目名称 1</h3>
          <p>项目简介 1</p>
```

```html
          </div>
        </div>
        <div class="project-card">
          <img src="./img/project2.png" alt="项目 2">
          <div class="project-info">
            <h3>项目名称 2</h3>
            <p>项目简介 2</p>
          </div>
        </div>
        <div class="project-card">
          <img src="./img/project3.png" alt="项目 3">
          <div class="project-info">
            <h3>项目名称 3</h3>
            <p>项目简介 3</p>
          </div>
        </div>
      </div>
    </section>

    <!-- 底部联系方式 -->
    <footer class="contact" id="contact">
      <div class="contact-info">
        <p>邮箱：your.email@example.com</p>
        <p>© 2024 你的名字</p>
      </div>
    </footer>
  </body>
</html>
```

style.css 使用了Flexbox和Grid进行布局，设置了清晰的间距和背景色，视觉层次分明。

```css
body {
  margin: 0;                          /* 移除默认边距 */
  font-family: 'Segoe UI', Arial, sans-serif;  /* 设置字体族 */
  background: #f5f6fa;                /* 设置浅灰蓝色背景 */
  color: #222;                        /* 设置深灰色文本颜色 */
}

/* 导航栏样式 */
.navbar {
  display: flex;                      /* 使用弹性布局 */
  justify-content: space-between;     /* 两端对齐，LOGO 和菜单分别位于左右两端 */
  align-items: center;                /* 垂直居中对齐 */
  padding: 0 40px;                    /* 左右内边距为 40px，上下内边距为 0 */
  height: 64px;                       /* 固定高度 64px */
  background: #222;                   /* 深灰色背景 */
  color: #fff;                        /* 白色文本 */
}
.logo {
  font-size: 1.5rem;                  /* 字体大小为 1.5 倍基础字体大小 */
  font-weight: bold;                  /* 字体加粗 */
}
.menu a {
  color: #fff;                        /* 超链接文本为白色 */
  text-decoration: none;              /* 移除下画线 */
  margin-left: 32px;                  /* 超链接之间左边距为 32px */
  font-size: 1rem;                    /* 字体大小等于基础字体大小 */
```

```
    transition: color 0.2s;              /* 颜色变化添加 0.2s 过渡效果 */
}
.menu a:hover {
    color: #4f8cff;                      /* 鼠标指针悬停时链接颜色变为蓝色 */
}

/* 关于我部分样式 */
.about {
    background: #fff;                     /* 白色背景 */
    padding: 48px 0;                     /* 上下内边距为48px，左右内边距为0 */
    box-shadow: 0 2px 8px rgba(0,0,0,0.03);   /* 添加轻微阴影效果 */
}
.about-container {
    display: flex;                       /* 使用弹性布局 */
    align-items: center;                 /* 垂直居中对齐 */
    max-width: 900px;                    /* 最大宽度 900px */
    margin: 0 auto;                      /* 水平居中 */
    gap: 40px;                           /* 元素之间的间距 40px */
    padding: 0 24px;                     /* 左右内边距为 24px，上下内边距为 0 */
}
.avatar {
    width: 120px;                        /* 头像宽度 120px */
    height: 120px;                       /* 头像高度 120px */
    border-radius: 50%;                  /* 圆形头像 */
    object-fit: cover;                   /* 图片覆盖方式，保持图片比例并填充容器 */
    border: 4px solid #4f8cff;           /* 添加 4px 宽的蓝色边框 */
}
.about-text h1 {
    margin: 0 0 12px 0;                  /* 标题下方边距为12px，其他方向为 0 */
    font-size: 2rem;                     /* 字体大小为 2 倍基础字体大小 */
}
.about-text p {
    margin: 0;                           /* 移除段落默认边距 */
    font-size: 1.1rem;                   /* 字体大小为 1.1 倍基础字体大小 */
    color: #555;                         /* 文本颜色设为中灰色 */
}

/* 技能部分样式 */
.skills {
    background: #f0f4ff;                 /* 浅蓝色背景 */
    padding: 48px 0;                     /* 上下内边距为48px，左右内边距为0 */
}
.skills h2 {
    text-align: center;                  /* 标题居中 */
    margin-bottom: 32px;                 /* 下方边距32px */
    font-size: 1.6rem;                   /* 字体大小为 1.6 倍基础字体大小 */
}
.skills-cards {
    display: flex;                       /* 使用弹性布局 */
    justify-content: center;             /* 水平居中对齐 */
    gap: 24px;                           /* 卡片之间的间距24px */
    flex-wrap: wrap;                     /* 允许内容换行 */
}
.skill-card {
    background: #fff;                    /* 白色背景 */
    padding: 24px 32px;                  /* 内边距：上下 24px，左右 32px */
    border-radius: 12px;                 /* 圆角 12px */
```

```css
  box-shadow: 0 2px 8px rgba(0,0,0,0.04);    /* 添加轻微阴影效果 */
  font-size: 1.1rem;                          /* 字体大小为1.1倍基础字体大小 */
  font-weight: 500;                           /* 字体粗细程度 */
  min-width: 120px;                           /* 最小宽度120px */
  text-align: center;                         /* 文本居中 */
}

/* 项目部分样式 */
.projects {
  background: #fff;                           /* 白色背景 */
  padding: 48px 0;                            /* 上下内边距为48px，左右内边距为0 */
}
.projects h2 {
  text-align: center;                         /* 标题居中 */
  margin-bottom: 32px;                        /* 下方边距32px */
  font-size: 1.6rem;                          /* 字体大小为1.6倍基础字体大小 */
}
.projects-grid {
  display: grid;                              /* 使用网格布局 */
  grid-template-columns: repeat(auto-fit, minmax(260px, 1fr));   /* 响应式列布局 */
  gap: 32px;                                  /* 网格间距32px */
  max-width: 1000px;                          /* 最大宽度1000px */
  margin: 0 auto;                             /* 水平居中 */
  padding: 0 24px;                            /* 左右内边距为24px，上下内边距为0 */
}
.project-card {
  background: #f8faff;                        /* 浅蓝灰色背景 */
  border-radius: 12px;                        /* 圆角12px */
  box-shadow: 0 2px 8px rgba(0,0,0,0.04);    /* 添加轻微阴影效果 */
  overflow: hidden;                           /* 隐藏溢出内容 */
  display: flex;                              /* 使用弹性布局 */
  flex-direction: column;                     /* 垂直排列子元素 */
}
.project-card img {
  width: 100%;                                /* 图片宽度占满容器 */
  height: 160px;                              /* 固定图片高度160px */
  object-fit: cover;                          /* 图片覆盖方式，保持图片比例并填充容器 */
}
.project-info {
  padding: 16px 20px;                         /* 内边距：上下16px，左右20px */
}
.project-info h3 {
  margin: 0 0 8px 0;                          /* 标题下方边距为8px，其他方向为0 */
  font-size: 1.2rem;                          /* 字体大小为1.2倍基础字体大小 */
}
.project-info p {
  margin: 0;                                  /* 移除段落默认边距 */
  color: #555;                                /* 文本颜色设为中灰色 */
  font-size: 1rem;                            /* 字体大小等于基础字体大小 */
}

/* 联系部分样式 */
.contact {
  background: #222;                           /* 深灰色背景 */
  color: #fff;                                /* 白色文本 */
  padding: 32px 0 16px 0;                     /* 内边距：上32px，下16px，左右为0 */
  text-align: center;                         /* 文本居中 */
```

```
}
.contact-info p {
  margin: 4px 0;                          /* 段落上下边距为4px，左右边距为0 */
  font-size: 1rem;                        /* 字体大小等于基础字体大小 */
}
```

步骤4：项目验收。在项目文件夹内新建一个文件夹，命名为img，将头像图片命名为 avatar.png，项目缩略图分别命名为 project1.png、project2.png、project3.png，放在该文件夹内，形成完整的页面（见图4-3）。

图4-3 个人页面展示

通过以上步骤，一个结构完整、层次分明的个人主页布局已经成型。这个布局不仅满足了信息展示的功能需求，还通过合理的空间划分和视觉设计提升了整体美感。接下来将在这个基础上添加响应式设计、主题切换等功能，进一步完善这个个人主页。好的布局设计是渐进式的，可以随着项目推进不断调整和优化，使最终成品既美观又实用。

4.1.2 响应式适配

在多设备访问成为常态的当下，响应式设计已不再是锦上添花，而是个人主页的必备特性。一个优秀的响应式个人主页能在手机、平板电脑和桌面设备上提供一致的良好体验。接下来，将详细讲解如何使用Cursor为个人主页添加响应式适配，使其在各种屏幕尺寸下都能完美展示。

步骤1：在侧边栏的输入框中输入以下指令："为我的个人主页添加响应式设计功能，实现在手机、平板电脑和桌面设备上的良好显示效果，需要满足如下要求：①设置Viewport meta标签；②创建CSS媒体查询，断点设在768px和1024px位置；③将导航栏在小屏设备上转换为汉堡菜单；④调整内容区域在不同屏幕尺寸下的布局（从多列变为单列）；⑤使用相对单位（rem/%）替代固定像素值；⑥确保图片和内容元素在小屏上正确缩放。请提供HTML和CSS代码，并确保在各种屏幕尺寸下测试通过"。单击"发送"按钮。

Cursor会根据要求生成对应的代码，单击"Accept flie"按钮。首先添加响应式设计，在index.html 中添加viewport meta标签，并在导航栏中插入汉堡菜单按钮。

```
<!DOCTYPE html>
<html lang="zh-CN">
<head>
  <meta charset="UTF-8">
  <meta name="viewport" content="width=device-width, initial-scale=1.0">
  <title>个人主页</title>
  <link rel="stylesheet" href="style.css">
</head>
<body>
  <!-- 顶部导航栏 -->
  <header class="navbar">
    <div class="logo">MyLogo</div>
    <button class="hamburger">≡</button>
    <nav class="menu">
      <a href="#about">关于我</a>
      <a href="#skills">技能</a>
      <a href="#projects">项目</a>
      <a href="#contact">联系</a>
    </nav>
  </header>

  <!-- 个人简介区域 -->
  <section class="about" id="about">
    <div class="about-container">
      <img class="avatar" src="./img/avatar.png" alt="头像">
      <div class="about-text">
        <h1>你的名字</h1>
        <p>这里是你的个人简介。可以介绍你的专业、兴趣、经历等。</p>
      </div>
    </div>
  </section>

  <!-- 技能展示区 -->
  <section class="skills" id="skills">
    <h2>技能</h2>
    <div class="skills-cards">
      <div class="skill-card">HTML5</div>
      <div class="skill-card">CSS3</div>
      <div class="skill-card">JavaScript</div>
      <div class="skill-card">React</div>
      <div class="skill-card">Node.js</div>
    </div>
  </section>

  <!-- 项目展示区 -->
  <section class="projects" id="projects">
    <h2>项目</h2>
    <div class="projects-grid">
      <div class="project-card">
        <img src="./img/project1.png" alt="项目1">
        <div class="project-info">
          <h3>项目名称1</h3>
          <p>项目简介1</p>
        </div>
      </div>
      <div class="project-card">
        <img src="./img/project2.png" alt="项目2">
```

```
        <div class="project-info">
            <h3> 项目名称 2</h3>
            <p> 项目简介 2</p>
        </div>
    </div>
    <div class="project-card">
        <img src="./img/project3.png" alt=" 项目 3">
        <div class="project-info">
            <h3> 项目名称 3</h3>
            <p> 项目简介 3</p>
        </div>
    </div>
    </div>
</section>

<!-- 底部联系方式 -->
<footer class="contact" id="contact">
    <div class="contact-info">
        <p> 邮箱: your.email@example.com</p>
        <p>© 2024 你的名字 </p>
    </div>
</footer>
<script src="script.js"></script>
</body>
</html>
```

步骤2：在 style.css 中，使用相对单位（rem、百分比）替代固定像素值，并添加媒体查询，断点设在768px和1024px位置，以便在不同的屏幕尺寸下调整布局。

```
/* 基础样式 */
body {
    margin: 0;                                  /* 移除默认边距 */
    font-family: 'Segoe UI', Arial, sans-serif; /* 设置字体系列 */
    background: #f5f6fa;                         /* 浅灰蓝色背景 */
    color: #222;                                /* 深灰色文本 */
    font-size: 16px;                            /* 基准字体大小 */
}

/* 导航栏样式 */
.navbar {
    display: flex;                              /* 使用弹性布局 */
    justify-content: space-between;             /* 两端对齐, LOGO 和菜单分别位于左右两端 */
    align-items: center;                        /* 垂直居中对齐 */
    padding: 0 2.5rem;                          /* 左右内边距为 2.5rem, 上下内边距为 0 */
    height: 4rem;                               /* 高度 4rem */
    background: #222;                           /* 深灰色背景 */
    color: #fff;                               /* 白色文本 */
}

.logo {
    font-size: 1.5rem;                          /* 字体大小 1.5rem */
    font-weight: bold;                          /* 粗体 */
}

.menu {
    display: flex;                              /* 使用弹性布局 */
```

61

```
  gap: 2rem;                                    /* 菜单项之间的间距 2rem */
}

.menu a {
  color: #fff;                                  /* 超链接文本为白色 */
  text-decoration: none;                        /* 移除下画线 */
  font-size: 1rem;                              /* 字体大小 1rem */
  transition: color 0.2s;                       /* 颜色变化添加 0.2s 过渡效果 */
}

.menu a:hover {
  color: #4f8cff;                               /* 鼠标指针悬停时链接颜色变为蓝色 */
}

/* 汉堡菜单按钮 - 默认隐藏，在小屏幕上显示 */
.hamburger {
  display: none;                                /* 默认不显示 */
  background: none;                             /* 移除背景 */
  border: none;                                 /* 移除边框 */
  color: #fff;                                  /* 白色图标 */
  font-size: 1.5rem;                            /* 图标大小 1.5rem */
  cursor: pointer;                              /* 鼠标指针悬停时显示指针样式 */
}

/* 关于我部分样式 */
.about {
  background: #fff;                             /* 白色背景 */
  padding: 3rem 0;                              /* 上下内边距为 3rem，左右内边距为 0 */
  box-shadow: 0 2px 8px rgba(0,0,0,0.03);       /* 添加轻微阴影效果 */
}

.about-container {
  display: flex;                                /* 使用弹性布局 */
  align-items: center;                          /* 垂直居中对齐 */
  max-width: 56.25rem;                          /* 最大宽度 56.25rem（900px） */
  margin: 0 auto;                               /* 水平居中 */
  gap: 2.5rem;                                  /* 元素之间的间距 2.5rem */
  padding: 0 1.5rem;                            /* 左右内边距为 1.5rem，上下内边距为 0 */
}

.avatar {
  width: 7.5rem;                                /* 头像宽度 7.5rem */
  height: 7.5rem;                               /* 头像高度 7.5rem */
  border-radius: 50%;                           /* 圆形头像 */
  object-fit: cover;                            /* 图片覆盖方式，保持比例并填充容器 */
  border: 4px solid #4f8cff;                    /* 添加 4px 宽的蓝色边框 */
}

.about-text h1 {
  margin: 0 0 0.75rem 0;                        /* 标题下方边距为 0.75rem，其他方向为 0 */
  font-size: 2rem;                              /* 字体大小 2rem */
}

.about-text p {
  margin: 0;                                    /* 移除段落默认边距 */
  font-size: 1.1rem;                            /* 字体大小 1.1rem */
  color: #555;                                  /* 将文本颜色设为中灰色 */
```

```
    }

    /* 技能部分样式 */
    .skills {
      background: #f0f4ff;                    /* 浅蓝色背景 */
      padding: 3rem 0;                        /* 上下内边距为3rem，左右内边距为0 */
    }

    .skills h2 {
      text-align: center;                     /* 标题居中 */
      margin-bottom: 2rem;                    /* 下方边距2rem */
      font-size: 1.6rem;                      /* 字体大小1.6rem */
    }

    .skills-cards {
      display: flex;                          /* 使用弹性布局 */
      justify-content: center;                /* 水平居中对齐 */
      gap: 1.5rem;                            /* 卡片之间的间距1.5rem */
      flex-wrap: wrap;                        /* 允许内容换行 */
    }

    .skill-card {
      background: #fff;                       /* 白色背景 */
      padding: 1.5rem 2rem;                   /* 内边距：上下1.5rem，左右2rem */
      border-radius: 0.75rem;                 /* 圆角0.75rem */
      box-shadow: 0 2px 8px rgba(0,0,0,0.04);  /* 添加轻微阴影效果 */
      font-size: 1.1rem;                      /* 字体大小1.1rem */
      font-weight: 500;                       /* 字体粗细程度 */
      min-width: 7.5rem;                      /* 最小宽度7.5rem */
      text-align: center;                     /* 文本居中 */
    }

    /* 项目部分样式 */
    .projects {
      background: #fff;                       /* 白色背景 */
      padding: 3rem 0;                        /* 上下内边距为3rem，左右内边距为0 */
    }

    .projects h2 {
      text-align: center;                     /* 标题居中 */
      margin-bottom: 2rem;                    /* 下方边距2rem */
      font-size: 1.6rem;                      /* 字体大小1.6rem */
    }

    .projects-grid {
      display: grid;                          /* 使用网格布局 */
      grid-template-columns: repeat(auto-fit, minmax(16.25rem, 1fr));  /* 响应式列
布局 */
      gap: 2rem;                              /* 网格间距2rem */
      max-width: 62.5rem;                     /* 最大宽度62.5rem（1000px） */
      margin: 0 auto;                         /* 水平居中 */
      padding: 0 1.5rem;                      /* 左右内边距为1.5rem，上下内边距为0 */
    }

    .project-card {
      background: #f8faff;                    /* 浅蓝灰色背景 */
      border-radius: 0.75rem;                 /* 圆角0.75rem */
```

63

```css
  box-shadow: 0 2px 8px rgba(0,0,0,0.04);   /* 添加轻微阴影效果 */
  overflow: hidden;                          /* 隐藏溢出内容 */
  display: flex;                             /* 使用弹性布局 */
  flex-direction: column;                    /* 垂直排列子元素 */
}

.project-card img {
  width: 100%;                               /* 图片宽度占满容器 */
  height: 10rem;                             /* 固定图片高度10rem */
  object-fit: cover;                         /* 图片覆盖方式，保持比例并填充容器 */
}

.project-info {
  padding: 1rem 1.25rem;                     /* 内边距：上下1rem，左右1.25rem */
}

.project-info h3 {
  margin: 0 0 0.5rem 0;                      /* 标题下方边距为0.5rem，其他方向为0 */
  font-size: 1.2rem;                         /* 字体大小1.2rem */
}

.project-info p {
  margin: 0;                                 /* 移除段落默认边距 */
  color: #555;                               /* 将文本颜色设为中灰色 */
  font-size: 1rem;                           /* 字体大小1rem */
}

/* 联系部分样式 */
.contact {
  background: #222;                          /* 深灰色背景 */
  color: #fff;                               /* 白色文本 */
  padding: 2rem 0 1rem 0;                    /* 内边距：上2rem，下1rem，左右为0 */
  text-align: center;                        /* 文本居中 */
}

.contact-info p {
  margin: 0.25rem 0;                         /* 段落上下边距为0.25rem，左右边距为0 */
  font-size: 1rem;                           /* 字体大小1rem */
}

/* 响应式设计 */
@media (max-width: 1024px) {                 /* 中等屏幕设备（如平板）的媒体查询 */
  .about-container {
    flex-direction: column;                  /* 改变弹性布局方向为垂直排列 */
    text-align: center;                      /* 文本居中 */
  }
  .projects-grid {
    grid-template-columns: repeat(auto-fit, minmax(14rem, 1fr));   /* 调整网格布
局，减小最小列宽 */
  }
}

@media (max-width: 768px) {                  /* 小屏幕设备（如手机）的媒体查询 */
  .hamburger {
    display: block;                          /* 显示汉堡菜单按钮 */
  }
  .menu {
```

```
    display: none;                        /* 默认隐藏菜单 */
    position: absolute;                   /* 绝对定位 */
    top: 4rem;                            /* 顶部位置从导航栏底部开始 */
    left: 0;                              /* 左侧对齐到屏幕边缘 */
    width: 100%;                          /* 宽度占满屏幕 */
    background: #222;                     /* 背景与导航栏相同 */
    flex-direction: column;              /* 菜单项垂直排列 */
    align-items: center;                 /* 水平居中对齐 */
    padding: 1rem 0;                     /* 上下内边距为1rem, 左右内边距为0 */
}
.menu.active {
    display: flex;                        /* 当添加active类时显示菜单 */
}
.skills-cards {
    gap: 1rem;                            /* 减小技能卡片之间的间距 */
}
.skill-card {
    min-width: 6rem;                     /* 减小技能卡片的最小宽度 */
}
.projects-grid {
    grid-template-columns: 1fr;          /* 项目卡片改为单列显示 */
}
}
```

步骤3：创建script.js文件，用于处理汉堡菜单的交互。

```
document.addEventListener('DOMContentLoaded', function() {
    // 等待DOM内容完全加载后执行

    // 获取DOM元素
    const hamburger = document.querySelector('.hamburger');  // 获取汉堡菜单按钮元素
    const menu = document.querySelector('.menu');            // 获取菜单元素

    // 为汉堡菜单按钮添加单击事件监听器
    hamburger.addEventListener('click', function() {
        // 当汉堡菜单按钮被单击时
        menu.classList.toggle('active');  // 切换菜单的active类
        // 如果菜单已有active类则移除它, 否则添加它
        // 这通常用于在移动设备上显示/隐藏导航菜单
    });
});
```

步骤4：在小屏设备上，导航栏会转换为汉堡菜单，单击"汉堡菜单"按钮可以切换菜单的显示状态。内容区域在不同的屏幕尺寸下会从多列变为单列，以确保在手机、平板和桌面设备上都有良好的显示效果（见图4-4）。

完成以上步骤后，个人主页已具备全面的响应式特性，能够智能适应从手机到大屏幕桌面的各种设备。响应式设计不仅提升了网站的可用性和可访问性，还向访问者展示了设计者的专业素养和对细节的关注。在实际开发中，响应式测试应贯穿整个开发过程，而不仅仅是最后阶段的工作。接下来将继续探索如何添加主题切换功能，为个人主页增添更多个性化体验。

图4-4　个人页面展示

4.1.3　主题切换功能

主题切换功能是现代网站设计的一个重要趋势，它不仅可以满足用户对深色模式的需求，提高不同光线环境下的可读性，还能体现开发者对用户体验的重视。接下来将指导大家如何使用Cursor为个人主页添加平滑、直观的主题切换功能，让用户能够根据个人偏好或环境需求自由选择浅色或深色主题。

步骤1：在侧边栏的输入框中输入："为我的个人主页添加深色/浅色主题切换功能，需要满足如下要求：①使用CSS变量定义两套配色方案（包括背景色/文本色/强调色等）；②创建一个主题切换按钮，使用太阳/月亮图标表示；③编写JavaScript实现单击按钮切换主题，并在Body上添加或移除Dark-theme类；④使用localStorage保存用户的主题偏好；⑤通过Prefers-color-scheme媒体查询检测系统默认主题；⑥添加平滑的颜色过渡效果，确保切换主题时所有元素（文本/背景/边框/阴影等）都能正确变化"。这一指令，并单击"发送"按钮。

Cursor会根据要求生成对应的代码，单击"Accept flie"。首先添加深色/浅色主题切换功能，在 style.css 中定义两套配色方案，包括背景色/文本色/强调色等，并使用CSS变量进行管理。在 CSS中添加平滑的颜色过渡效果，确保切换主题时所有元素（文本/背景/边框/阴影等）都能正确变化。

```
:root {
  /* 定义全局 CSS 变量——用于亮色主题（默认） */
  --background-color: #f5f6fa;              /* 页面背景色——浅灰蓝色 */
  --text-color: #222;                       /* 文本颜色——深灰色 */
  --accent-color: #4f8cff;                  /* 强调色——蓝色 */
  --card-background: #fff;                  /* 卡片背景色——白色 */
  --card-shadow: 0 2px 8px rgba(0,0,0,0.04);  /* 卡片阴影——轻微 */
  --navbar-background: #222;                /* 导航栏背景色——深灰色 */
```

```
  --navbar-text: #fff;                    /* 导航栏文本色——白色 */
  --transition-speed: 0.3s;               /* 过渡动画速度——0.3s */
}

/* 深色主题变量定义 */
body.dark-theme {
  --background-color: #121212;            /* 页面背景色——近黑色 */
  --text-color: #e0e0e0;                  /* 文本颜色——浅灰色 */
  --accent-color: #64b5f6;                /* 强调色——浅蓝色 */
  --card-background: #1e1e1e;             /* 卡片背景色——深灰色 */
  --card-shadow: 0 2px 8px rgba(0,0,0,0.2); /* 卡片阴影——较深 */
  --navbar-background: #1a1a1a;           /* 导航栏背景色——深灰色 */
  --navbar-text: #e0e0e0;                 /* 导航栏文本色——浅灰色 */
}

/* 基础样式 */
body {
  margin: 0;                              /* 移除默认边距 */
  font-family: 'Segoe UI', Arial, sans-serif; /* 设置字体系列 */
  background: var(--background-color);    /* 使用变量设置背景色 */
  color: var(--text-color);               /* 使用变量设置文本颜色 */
  font-size: 16px;                        /* 基准字体大小 */
    transition: background-color var(--transition-speed), color var(--
transition-speed);  /* 添加平滑过渡效果 */
}

/* 导航栏样式 */
.navbar {
  display: flex;                          /* 使用弹性布局 */
  justify-content: space-between;         /* 两端对齐 */
  align-items: center;                    /* 垂直居中对齐 */
  padding: 0 2.5rem;                      /* 左右内边距 2.5rem */
  height: 4rem;                           /* 高度 4rem */
  background: var(--navbar-background);   /* 使用变量设置背景色 */
  color: var(--navbar-text);              /* 使用变量设置文本颜色 */
    transition: background-color var(--transition-speed), color var(--
transition-speed);  /* 添加过渡效果 */
}
.logo {
  font-size: 1.5rem;                      /* 字体大小 1.5rem */
  font-weight: bold;                      /* 粗体 */
}
.menu {
  display: flex;                          /* 使用弹性布局 */
  gap: 2rem;                              /* 菜单项之间间距 2rem */
}
.menu a {
  color: var(--navbar-text);              /* 使用变量设置文本颜色 */
  text-decoration: none;                  /* 移除下画线 */
  font-size: 1rem;                        /* 字体大小 1rem */
  transition: color var(--transition-speed);  /* 添加颜色过渡效果 */
}
.menu a:hover {
  color: var(--accent-color);             /* 鼠标指针悬停时使用强调色 */
}

/* 汉堡菜单按钮 */
```

```css
.hamburger {
  display: none;                                      /* 默认不显示 */
  background: none;                                   /* 移除背景 */
  border: none;                                       /* 移除边框 */
  color: var(--navbar-text);                          /* 使用变量设置颜色 */
  font-size: 1.5rem;                                  /* 字体大小 1.5rem */
  cursor: pointer;                                    /* 鼠标指针悬停时显示指针样式 */
}

/* 关于我部分样式 */
.about {
  background: var(--card-background);                 /* 使用变量设置背景色 */
  padding: 3rem 0;                                    /* 上下内边距 3rem */
  box-shadow: var(--card-shadow);                     /* 使用变量设置阴影 */
   transition: background-color var(--transition-speed), box-shadow var(--
transition-speed);  /* 添加过渡效果 */
}
.about-container {
  display: flex;                                      /* 使用弹性布局 */
  align-items: center;                                /* 垂直居中对齐 */
  max-width: 56.25rem;                                /* 最大宽度 56.25rem（900px） */
  margin: 0 auto;                                     /* 水平居中 */
  gap: 2.5rem;                                        /* 元素之间的间距 2.5rem */
  padding: 0 1.5rem;                                  /* 左右内边距 1.5rem */
}
.avatar {
  width: 7.5rem;                                      /* 头像宽度 7.5rem */
  height: 7.5rem;                                     /* 头像高度 7.5rem */
  border-radius: 50%;                                 /* 圆形头像 */
  object-fit: cover;                                  /* 图片覆盖方式 */
  border: 4px solid var(--accent-color);              /* 使用变量设置边框颜色 */
  transition: border-color var(--transition-speed);   /* 添加边框颜色过渡效果 */
}
.about-text h1 {
  margin: 0 0 0.75rem 0;                              /* 标题下方边距 0.75rem */
  font-size: 2rem;                                    /* 字体大小 2rem */
}
.about-text p {
  margin: 0;                                          /* 移除段落默认边距 */
  font-size: 1.1rem;                                  /* 字体大小 1.1rem */
  color: var(--text-color);                           /* 使用变量设置文本颜色 */
  transition: color var(--transition-speed);          /* 添加颜色过渡效果 */
}

/* 技能部分样式 */
.skills {
  background: var(--card-background);                 /* 使用变量设置背景色 */
  padding: 3rem 0;                                    /* 上下内边距 3rem */
  transition: background-color var(--transition-speed);  /* 添加背景色过渡效果 */
}
.skills h2 {
  text-align: center;                                 /* 标题居中 */
  margin-bottom: 2rem;                                /* 下方边距 2rem */
  font-size: 1.6rem;                                  /* 字体大小 1.6rem */
}
.skills-cards {
  display: flex;                                      /* 使用弹性布局 */
```

```
  justify-content: center;                  /* 水平居中对齐 */
  gap: 1.5rem;                              /* 卡片之间的间距1.5rem */
  flex-wrap: wrap;                          /* 允许内容换行 */
}
.skill-card {
  background: var(--card-background);        /* 使用变量设置背景色 */
  padding: 1.5rem 2rem;                     /* 内边距：上下1.5rem，左右2rem */
  border-radius: 0.75rem;                   /* 圆角0.75rem */
  box-shadow: var(--card-shadow);           /* 使用变量设置阴影 */
  font-size: 1.1rem;                        /* 字体大小1.1rem */
  font-weight: 500;                         /* 字体粗细程度 */
  min-width: 7.5rem;                        /* 最小宽度7.5rem */
  text-align: center;                       /* 文本居中 */
   transition: background-color var(--transition-speed), box-shadow var(--
transition-speed);  /* 添加过渡效果 */
}

/* 项目部分样式 */
.projects {
  background: var(--card-background);        /* 使用变量设置背景色 */
  padding: 3rem 0;                          /* 上下内边距3rem */
  transition: background-color var(--transition-speed);  /* 添加背景色过渡效果 */
}
.projects h2 {
  text-align: center;                       /* 标题居中 */
  margin-bottom: 2rem;                      /* 下方边距2rem */
  font-size: 1.6rem;                        /* 字体大小1.6rem */
}
.projects-grid {
  display: grid;                            /* 使用网格布局 */
   grid-template-columns: repeat(auto-fit, minmax(16.25rem, 1fr));   /* 响应式列
布局 */
  gap: 2rem;                                /* 网格间距2rem */
  max-width: 62.5rem;                       /* 最大宽度62.5rem（1000px） */
  margin: 0 auto;                           /* 水平居中 */
  padding: 0 1.5rem;                        /* 左右内边距1.5rem */
}
.project-card {
  background: var(--card-background);        /* 使用变量设置背景色 */
  border-radius: 0.75rem;                   /* 圆角0.75rem */
  box-shadow: var(--card-shadow);           /* 使用变量设置阴影 */
  overflow: hidden;                         /* 隐藏溢出内容 */
  display: flex;                            /* 使用弹性布局 */
  flex-direction: column;                   /* 垂直排列子元素 */
   transition: background-color var(--transition-speed), box-shadow var(--
transition-speed);  /* 添加过渡效果 */
}
.project-card img {
  width: 100%;                              /* 图片宽度占满容器 */
  height: 10rem;                            /* 固定图片高度10rem */
  object-fit: cover;                        /* 图片覆盖方式 */
}
.project-info {
  padding: 1rem 1.25rem;                    /* 内边距：上下1rem，左右1.25rem */
}
.project-info h3 {
  margin: 0 0 0.5rem 0;                     /* 标题下方边距0.5rem */
```

```css
    font-size: 1.2rem;                              /* 字体大小 1.2rem */
  }
  .project-info p {
    margin: 0;                                      /* 移除段落默认边距 */
    color: var(--text-color);                       /* 使用变量设置文本颜色 */
    font-size: 1rem;                                /* 字体大小 1rem */
    transition: color var(--transition-speed);      /* 添加颜色过渡效果 */
  }

  /* 联系部分样式 */
  .contact {
    background: var(--navbar-background);   /* 使用变量设置背景色 */
    color: var(--navbar-text);                      /* 使用变量设置文本颜色 */
    padding: 2rem 0 1rem 0;                         /* 内边距：上 2rem，下 1rem */
    text-align: center;                             /* 文本居中 */
     transition: background-color var(--transition-speed), color var(--
transition-speed);   /* 添加过渡效果 */
  }
  .contact-info p {
    margin: 0.25rem 0;                              /* 段落上下边距 0.25rem */
    font-size: 1rem;                                /* 字体大小 1rem */
  }

  /* 响应式设计 */
  @media (max-width: 1024px) {                      /* 中等屏幕设备的媒体查询 */
    .about-container {
      flex-direction: column;                       /* 改变弹性布局方向为垂直排列 */
      text-align: center;                           /* 文本居中 */
    }
    .projects-grid {
      grid-template-columns: repeat(auto-fit, minmax(14rem, 1fr));   /* 调整网格布
局 */
    }
  }

  @media (max-width: 768px) {                       /* 小屏幕设备的媒体查询 */
    .hamburger {
      display: block;                               /* 显示汉堡菜单按钮 */
    }
    .menu {
      display: none;                                /* 默认隐藏菜单 */
      position: absolute;                           /* 绝对定位 */
      top: 4rem;                                     /* 顶部位置从导航栏底部开始 */
      left: 0;                                        /* 左侧对齐到屏幕边缘 */
      width: 100%;                                   /* 宽度占满屏幕 */
      background: var(--navbar-background);   /* 使用变量设置背景色 */
      flex-direction: column;                       /* 菜单项垂直排列 */
      align-items: center;                          /* 水平居中对齐 */
      padding: 1rem 0;                              /* 上下内边距 1rem */
      transition: background-color var(--transition-speed);   /* 添加背景色过渡效果 */
    }
    .menu.active {
      display: flex;                                /* 当添加 active 类时显示菜单 */
    }
    .skills-cards {
      gap: 1rem;                                     /* 减小技能卡片之间的间距 */
    }
```

```
.skill-card {
  min-width: 6rem;                      /* 减小技能卡片的最小宽度 */
}
.projects-grid {
  grid-template-columns: 1fr;           /* 项目卡片改为单列显示 */
}
}
```

步骤2：在 index.html 中添加一个主题切换按钮，使用太阳/月亮图标表示。

```html
<!DOCTYPE html>
<html lang="zh-CN">
<head>
  <meta charset="UTF-8">
  <meta name="viewport" content="width=device-width, initial-scale=1.0">
  <title>个人主页</title>
  <link rel="stylesheet" href="style.css">
</head>
<body class="dark-theme">
  <!-- 顶部导航栏 -->
  <header class="navbar">
    <div class="logo">MyLogo</div>
    <button class="hamburger">≡</button>
    <nav class="menu">
      <a href="#about">关于我</a>
      <a href="#skills">技能</a>
      <a href="#projects">项目</a>
      <a href="#contact">联系</a>
    </nav>
    <button class="theme-toggle">    </button>
  </header>

  <!-- 个人简介区域 -->
  <section class="about" id="about">
    <div class="about-container">
      <img class="avatar" src="./img/avatar.png" alt="头像">
      <div class="about-text">
        <h1>你的名字</h1>
        <p>这里是你的个人简介。可以介绍你的专业、兴趣、经历等。</p>
      </div>
    </div>
  </section>

  <!-- 技能展示区 -->
  <section class="skills" id="skills">
    <h2>技能</h2>
    <div class="skills-cards">
      <div class="skill-card">HTML5</div>
      <div class="skill-card">CSS3</div>
      <div class="skill-card">JavaScript</div>
      <div class="skill-card">React</div>
      <div class="skill-card">Node.js</div>
    </div>
  </section>

  <!-- 项目展示区 -->
  <section class="projects" id="projects">
```

```
      <h2> 项目 </h2>
      <div class="projects-grid">
        <div class="project-card">
          <img src="./img/project1.png" alt=" 项目 1">
          <div class="project-info">
            <h3> 项目名称 1</h3>
            <p> 项目简介 1</p>
          </div>
        </div>
        <div class="project-card">
          <img src="./img/project2.png" alt=" 项目 2">
          <div class="project-info">
            <h3> 项目名称 2</h3>
            <p> 项目简介 2</p>
          </div>
        </div>
        <div class="project-card">
          <img src="./img/project3.png" alt=" 项目 3">
          <div class="project-info">
            <h3> 项目名称 3</h3>
            <p> 项目简介 3</p>
          </div>
        </div>
      </div>
    </section>

    <!-- 底部联系方式 -->
    <footer class="contact" id="contact">
      <div class="contact-info">
        <p> 邮箱: your.email@example.com</p>
        <p>© 2024 你的名字 </p>
      </div>
    </footer>
    <script src="script.js"></script>
</body>
</html>
```

步骤3：在 script.js 中实现单击按钮切换主题的功能，并在 localStorage 中保存用户的主题偏好。通过 Prefers-color-scheme 媒体查询检测系统默认主题。

```
document.addEventListener('DOMContentLoaded', function() {
    // 获取 DOM 元素
    const hamburger = document.querySelector('.hamburger');        // 汉堡菜单按钮
    const menu = document.querySelector('.menu');                  // 导航菜单
    const themeToggle = document.querySelector('.theme-toggle');   // 主题切换按钮
    const body = document.body;                                    // body 元素

    // 检查 localStorage 中的主题偏好
    const savedTheme = localStorage.getItem('theme');
    if (savedTheme) {
        // 如果用户之前设置过主题偏好，则应用保存的主题
        body.classList.toggle('dark-theme', savedTheme === 'dark');  // 如果保存的
是 dark 则添加 dark-theme 类，否则移除
        updateThemeIcon();  // 更新主题图标
    } else {
        // 如果用户未设置过主题偏好，则检查系统默认主题
```

```
       const prefersDark = window.matchMedia('(prefers-color-scheme: dark)').
matches;   // 检查系统是否偏好深色主题
       body.classList.toggle('dark-theme', prefersDark);   // 根据系统偏好设置主题
       updateThemeIcon();   // 更新主题图标
     }

     // 汉堡菜单单击事件
     hamburger.addEventListener('click', function() {
       menu.classList.toggle('active');   // 切换菜单的显示状态
     });

     // 主题切换按钮单击事件
     themeToggle.addEventListener('click', function() {
       body.classList.toggle('dark-theme');   // 切换深色 / 浅色主题
       const isDark = body.classList.contains('dark-theme');   // 检查当前是否为深色
主题
       localStorage.setItem('theme', isDark ? 'dark' : 'light');   // 将主题偏好保
存到 localStorage
       updateThemeIcon();   // 更新主题图标
     });

     // 更新主题图标的函数
     function updateThemeIcon() {
       const isDark = body.classList.contains('dark-theme');   // 检查当前是否为深色
主题
       themeToggle.textContent = isDark ? '☀': ' ☽ ';   // 深色主题显示太阳图标，浅
色主题显示月亮图标
     }
   });
```

步骤4：用户可以单击主题切换按钮来切换深色和浅色主题，并且用户的主题偏好会被保存（见图4-5）。

至此，个人主页已经拥有一个功能完备的主题切换系统，不仅能够响应用户的主动选择，还能根据系统设置自动调整，提供了极佳的用户体验。这个功能虽然看似简单，但体现了Cursor对细节的关注和对用户需求的理解。主题切换不仅是视觉上的改变，更是网站可访问性和用户友好度的提升。接下来将介绍如何设计和实现个人信息展示部分，这是个人主页的核心内容区域。

图 4-5　个人页面展示

4.1.4　个人信息展示

个人信息展示是个人主页的核心部分，它直接决定了网站的信息传达效果和专业形象。设计良好的个人信息展示不仅能清晰地传递个人技能和经历，还能通过精心的排版和视觉设计吸引访问者的注意。接下来将详细介绍如何使用Cursor设计和实现个人主页的信息展示部分，从内容规划到视觉呈现，打造一个既实用又美观的个人展示平台。

步骤1：在侧边栏的输入框中输入以下指令："帮我设计个人主页的个人信息展示部分，需包含以下内容：①个人简介区（头像/姓名/职位/简短介绍）；②技能展示区（使用技能条或

雷达图展示各项技能水平）；③教育和工作经历（使用时间轴布局按时间顺序展示）；④项目展示区（使用卡片式布局，每个项目包含图片、描述和链接）；⑤联系方式（社交媒体图标和邮箱）。设计要简洁、现代，使用适当的图标和微动画增强视觉效果。请提供HTML结构和CSS样式，可以加入一些示例内容作为参考"。单击"发送"按钮。

Cursor会根据要求生成对应的代码，单击"Accept flie"按钮。首先设计个人信息展示部分。在 index.html 中，页面顶部设有导航栏，提供直达各节的超链接和主题切换按钮；个人简介区展示头像和基本信息；技能展示区以卡片形式呈现各项专业技能；教育和工作经历以时间线的形式排列；项目展示区采用网格布局展示三个项目，每个项目都有图片和详情超链接；底部区域包含联系信息和社交媒体图标。页面被设计为响应式列布局，适合在不同设备上浏览，支持暗/亮主题切换，整体风格专业而现代，适合展示个人专业形象。

```
<!DOCTYPE html>
<html lang="zh-CN">
<head>
  <meta charset="UTF-8">
  <meta name="viewport" content="width=device-width, initial-scale=1.0">
  <title> 个人主页 </title>
  <link rel="stylesheet" href="style.css">
   <link rel="stylesheet" href="https://cdnjs.cloudflare.com/ajax/libs/font-
awesome/6.0.0-beta3/css/all.min.css">
</head>
<body class="dark-theme">
  <!-- 顶部导航栏 -->
  <header class="navbar">
    <div class="logo">MyLogo</div>
    <button class="hamburger">≡</button>
    <nav class="menu">
      <a href="#about"> 关于我 </a>
      <a href="#skills"> 技能 </a>
      <a href="#experience"> 经历 </a>
      <a href="#projects"> 项目 </a>
      <a href="#contact"> 联系 </a>
    </nav>
    <button class="theme-toggle">  </button>
  </header>

  <!-- 个人简介区域 -->
  <section class="about" id="about">
    <div class="about-container">
      <img class="avatar" src="./img/avatar.png" alt=" 头像 ">
      <div class="about-text">
        <h1> 你的名字 </h1>
        <p class="title"> 职位：软件工程师 </p>
        <p> 这里是你的个人简介。可以介绍你的专业、兴趣、经历等。</p>
      </div>
    </div>
  </section>

  <!-- 技能展示区 -->
  <section class="skills" id="skills">
    <h2> 技能 </h2>
    <div class="skills-cards">
      <div class="skill-card">HTML5</div>
```

```
            <div class="skill-card">CSS3</div>
            <div class="skill-card">JavaScript</div>
            <div class="skill-card">React</div>
            <div class="skill-card">Node.js</div>
        </div>
    </section>

    <!-- 教育和工作经历 -->
    <section class="experience" id="experience">
        <h2> 教育和工作经历 </h2>
        <div class="timeline">
        <div class="timeline-item">
            <h3> 教育经历 </h3>
            <p> 大学名称 - 专业 - 学位 </p>
            <p>2018 - 2022</p>
        </div>
        <div class="timeline-item">
            <h3> 工作经历 </h3>
            <p> 公司名称 - 职位 </p>
            <p>2022 - 至今 </p>
        </div>
        </div>
    </section>

    <!-- 项目展示区 -->
    <section class="projects" id="projects">
        <h2> 项目 </h2>
        <div class="projects-grid">
        <div class="project-card">
            <img src="./img/project1.png" alt=" 项目 1">
            <div class="project-info">
                <h3> 项目名称 1</h3>
                <p> 项目简介 1</p>
                <a href="#" class="project-link"> 查看详情 </a>
            </div>
        </div>
        <div class="project-card">
            <img src="./img/project2.png" alt=" 项目 2">
            <div class="project-info">
                <h3> 项目名称 2</h3>
                <p> 项目简介 2</p>
                <a href="#" class="project-link"> 查看详情 </a>
            </div>
        </div>
        <div class="project-card">
            <img src="./img/project3.png" alt=" 项目 3">
            <div class="project-info">
                <h3> 项目名称 3</h3>
                <p> 项目简介 3</p>
                <a href="#" class="project-link"> 查看详情 </a>
            </div>
        </div>
        </div>
    </section>

    <!-- 底部联系方式 -->
    <footer class="contact" id="contact">
```

```
    <div class="contact-info">
        <p>邮箱: your.email@example.com</p>
        <div class="social-icons">
            <a href="#"><i class="fab fa-github"></i></a>
            <a href="#"><i class="fab fa-linkedin"></i></a>
            <a href="#"><i class="fab fa-twitter"></i></a>
        </div>
        <p>© 2024 你的名字 </p>
    </div>
  </footer>
  <script src="script.js"></script>
</body>
</html>
```

步骤2：在style.css中，为各个部分添加样式，确保设计简洁、现代，并使用适当的图标和微动画增强视觉效果。

```
/* 定义 CSS 变量——亮色主题 */
:root {
  --background-color: #f5f6fa;               /* 页面背景色——浅灰蓝色 */
  --text-color: #222;                        /* 文本颜色——深灰色 */
  --accent-color: #4f8cff;                   /* 强调色——蓝色 */
  --card-background: #fff;                    /* 卡片背景色——白色 */
  --card-shadow: 0 2px 8px rgba(0,0,0,0.04);  /* 卡片阴影——轻微 */
  --navbar-background: #222;                  /* 导航栏背景色——深灰色 */
  --navbar-text: #fff;                       /* 导航栏文本色——白色 */
  --transition-speed: 0.3s;                  /* 过渡动画速度——0.3s */
}

/* 深色主题变量 */
body.dark-theme {
  --background-color: #121212;               /* 页面背景色——近黑色 */
  --text-color: #e0e0e0;                     /* 文本颜色——浅灰色 */
  --accent-color: #64b5f6;                   /* 强调色——浅蓝色 */
  --card-background: #1e1e1e;                 /* 卡片背景色——深灰色 */
  --card-shadow: 0 2px 8px rgba(0,0,0,0.2);  /* 卡片阴影——较深 */
  --navbar-background: #1a1a1a;              /* 导航栏背景色——深灰色 */
  --navbar-text: #e0e0e0;                    /* 导航栏文本色——浅灰色 */
}

/* 基础样式 */
body {
  margin: 0;                                 /* 移除默认边距 */
  font-family: 'Segoe UI', Arial, sans-serif;  /* 设置字体系列 */
  background: var(--background-color);        /* 使用变量设置背景色 */
  color: var(--text-color);                   /* 使用变量设置文本颜色 */
  font-size: 16px;                            /* 基准字体大小 */
  transition: background-color var(--transition-speed), color var(--
transition-speed);  /* 添加过渡效果 */
}

/* 导航栏样式 */
.navbar {
  display: flex;                              /* 使用弹性布局 */
  justify-content: space-between;             /* 两端对齐 */
  align-items: center;                        /* 垂直居中对齐 */
```

```css
  padding: 0 2.5rem;                    /* 左右内边距 2.5rem */
  height: 4rem;                         /* 高度 4rem */
  background: var(--navbar-background); /* 使用变量设置背景色 */
  color: var(--navbar-text);           /* 使用变量设置文本颜色 */
   transition: background-color var(--transition-speed), color var(--
transition-speed);  /* 添加过渡效果 */
}
.logo {
  font-size: 1.5rem;                    /* 字体大小 1.5rem */
  font-weight: bold;                    /* 粗体 */
}
.menu {
  display: flex;                        /* 使用弹性布局 */
  gap: 2rem;                            /* 菜单项之间的间距 2rem */
}
.menu a {
  color: var(--navbar-text);           /* 使用变量设置文本颜色 */
  text-decoration: none;               /* 移除下画线 */
  font-size: 1rem;                      /* 字体大小 1rem */
  transition: color var(--transition-speed);  /* 添加颜色过渡效果 */
}
.menu a:hover {
  color: var(--accent-color);          /* 鼠标指针悬停时使用强调色 */
}

/* 汉堡菜单按钮 */
.hamburger {
  display: none;                        /* 默认不显示 */
  background: none;                     /* 移除背景 */
  border: none;                         /* 移除边框 */
  color: var(--navbar-text);           /* 使用变量设置颜色 */
  font-size: 1.5rem;                    /* 字体大小 1.5rem */
  cursor: pointer;                      /* 鼠标指针悬停时显示指针样式 */
}

/* 关于我部分样式 */
.about {
  background: var(--card-background);   /* 使用变量设置背景色 */
  padding: 3rem 0;                      /* 上下内边距 3rem */
  box-shadow: var(--card-shadow);      /* 使用变量设置阴影 */
   transition: background-color var(--transition-speed), box-shadow var(--
transition-speed);  /* 添加过渡效果 */
}
.about-container {
  display: flex;                        /* 使用弹性布局 */
  align-items: center;                  /* 垂直居中对齐 */
  max-width: 56.25rem;                  /* 最大宽度 56.25rem（900px） */
  margin: 0 auto;                       /* 水平居中 */
  gap: 2.5rem;                          /* 元素之间的间距 2.5rem */
  padding: 0 1.5rem;                    /* 左右内边距 1.5rem */
}
.avatar {
  width: 7.5rem;                        /* 头像宽度 7.5rem */
  height: 7.5rem;                       /* 头像高度 7.5rem */
  border-radius: 50%;                   /* 圆形头像 */
  object-fit: cover;                    /* 图片覆盖方式 */
  border: 4px solid var(--accent-color); /* 使用变量设置边框颜色 */
```

```css
    transition: border-color var(--transition-speed);   /* 添加边框颜色过渡效果 */
  }
  .about-text h1 {
    margin: 0 0 0.75rem 0;                              /* 标题下方边距 0.75rem */
    font-size: 2rem;                                    /* 字体大小 2rem */
  }
  /* 新增职位标题样式 */
  .about-text .title {
    font-size: 1.2rem;                                 /* 字体大小 1.2rem */
    color: var(--accent-color);                        /* 使用强调色 */
    margin-bottom: 0.5rem;                             /* 下方边距 0.5rem */
  }
  .about-text p {
    margin: 0;                                         /* 移除段落默认边距 */
    font-size: 1.1rem;                                 /* 字体大小 1.1rem */
    color: var(--text-color);                          /* 使用变量设置文本颜色 */
    transition: color var(--transition-speed);   /* 添加颜色过渡效果 */
  }

  /* 技能部分样式 */
  .skills {
    background: var(--card-background);       /* 使用变量设置背景色 */
    padding: 3rem 0;                          /* 上下内边距 3rem */
    transition: background-color var(--transition-speed);   /* 添加背景色过渡效果 */
  }
  .skills h2 {
    text-align: center;                       /* 标题居中 */
    margin-bottom: 2rem;                      /* 下方边距 2rem */
    font-size: 1.6rem;                        /* 字体大小 1.6rem */
  }
  .skills-cards {
    display: flex;                            /* 使用弹性布局 */
    justify-content: center;                  /* 水平居中对齐 */
    gap: 1.5rem;                              /* 卡片之间的间距 1.5rem */
    flex-wrap: wrap;                          /* 允许内容换行 */
  }
  .skill-card {
    background: var(--card-background);       /* 使用变量设置背景色 */
    padding: 1.5rem 2rem;                     /* 内边距：上下 1.5rem，左右 2rem */
    border-radius: 0.75rem;                   /* 圆角 0.75rem */
    box-shadow: var(--card-shadow);           /* 使用变量设置阴影 */
    font-size: 1.1rem;                        /* 字体大小 1.1rem */
    font-weight: 500;                         /* 字体粗细程度 */
    min-width: 7.5rem;                        /* 最小宽度 7.5rem */
    text-align: center;                       /* 文本居中 */
    transition: background-color var(--transition-speed), box-shadow var(--transition-speed);   /* 添加过渡效果 */
  }

  /* 新增经验部分样式 */
  .experience {
    background: var(--card-background);       /* 使用变量设置背景色 */
    padding: 3rem 0;                          /* 上下内边距 3rem */
    transition: background-color var(--transition-speed);   /* 添加背景色过渡效果 */
  }

  .experience h2 {
```

```css
  text-align: center;                     /* 标题居中 */
  margin-bottom: 2rem;                    /* 下方边距 2rem */
  font-size: 1.6rem;                      /* 字体大小 1.6rem */
}

.timeline {
  max-width: 56.25rem;                    /* 最大宽度 56.25rem（900px） */
  margin: 0 auto;                         /* 水平居中 */
  padding: 0 1.5rem;                      /* 左右内边距 1.5rem */
}

.timeline-item {
  margin-bottom: 2rem;                    /* 下方边距 2rem */
  padding: 1rem;                          /* 内边距 1rem */
  background: var(--card-background);     /* 使用变量设置背景色 */
  border-radius: 0.75rem;                 /* 圆角 0.75rem */
  box-shadow: var(--card-shadow);         /* 使用变量设置阴影 */
   transition: background-color var(--transition-speed), box-shadow var(--
transition-speed);  /* 添加过渡效果 */
}

.timeline-item h3 {
  margin: 0 0 0.5rem 0;                   /* 下方边距 0.5rem */
  font-size: 1.2rem;                      /* 字体大小 1.2rem */
}

.timeline-item p {
  margin: 0;                              /* 移除段落默认边距 */
  color: var(--text-color);              /* 使用变量设置文本颜色 */
  transition: color var(--transition-speed);  /* 添加颜色过渡效果 */
}

/* 项目部分样式 */
.projects {
  background: var(--card-background);     /* 使用变量设置背景色 */
  padding: 3rem 0;                        /* 上下内边距 3rem */
  transition: background-color var(--transition-speed);  /* 添加背景色过渡效果 */
}
.projects h2 {
  text-align: center;                     /* 标题居中 */
  margin-bottom: 2rem;                    /* 下方边距 2rem */
  font-size: 1.6rem;                      /* 字体大小 1.6rem */
}
.projects-grid {
  display: grid;                          /* 使用网格布局 */
   grid-template-columns: repeat(auto-fit, minmax(16.25rem, 1fr));   /* 响应式列
布局 */
  gap: 2rem;                              /* 网格间距 2rem */
  max-width: 62.5rem;                     /* 最大宽度 62.5rem（1000px） */
  margin: 0 auto;                         /* 水平居中 */
  padding: 0 1.5rem;                      /* 左右内边距 1.5rem */
}
.project-card {
  background: var(--card-background);     /* 使用变量设置背景色 */
  border-radius: 0.75rem;                 /* 圆角 0.75rem */
  box-shadow: var(--card-shadow);         /* 使用变量设置阴影 */
  overflow: hidden;                       /* 隐藏溢出内容 */
```

```
    display: flex;                          /* 使用弹性布局 */
    flex-direction: column;                 /* 垂直排列子元素 */
      transition: background-color var(--transition-speed), box-shadow var(--
  transition-speed);   /* 添加过渡效果 */
  }
  .project-card img {
    width: 100%;                            /* 图片宽度占满容器 */
    height: 10rem;                          /* 固定图片高度 10rem */
    object-fit: cover;                      /* 图片覆盖方式 */
  }
  .project-info {
    padding: 1rem 1.25rem;                  /* 内边距：上下 1rem，左右 1.25rem */
  }
  .project-info h3 {
    margin: 0 0 0.5rem 0;                   /* 下方边距 0.5rem */
    font-size: 1.2rem;                      /* 字体大小 1.2rem */
  }
  .project-info p {
    margin: 0;                              /* 移除段落默认边距 */
    color: var(--text-color);              /* 使用变量设置文本颜色 */
    font-size: 1rem;                        /* 字体大小 1rem */
    transition: color var(--transition-speed);   /* 添加颜色过渡效果 */
  }

  /* 新增项目链接样式 */
  .project-link {
    display: inline-block;                  /* 设置为内联块元素 */
    margin-top: 0.5rem;                     /* 上方边距 0.5rem */
    color: var(--accent-color);            /* 使用强调色 */
    text-decoration: none;                  /* 移除下画线 */
    transition: color var(--transition-speed);   /* 添加颜色过渡效果 */
  }

  .project-link:hover {
    text-decoration: underline;             /* 鼠标指针悬停时添加下画线 */
  }

  /* 联系部分样式 */
  .contact {
    background: var(--navbar-background); /* 使用变量设置背景色 */
    color: var(--navbar-text);             /* 使用变量设置文本颜色 */
    padding: 2rem 0 1rem 0;                 /* 内边距：上 2rem，下 1rem */
    text-align: center;                     /* 文本居中 */
      transition: background-color var(--transition-speed), color var(--
  transition-speed);   /* 添加过渡效果 */
  }
  .contact-info p {
    margin: 0.25rem 0;                      /* 段落上下边距 0.25rem */
    font-size: 1rem;                        /* 字体大小 1rem */
  }

  /* 新增社交图标样式 */
  .social-icons {
    margin: 1rem 0;                         /* 上下外边距 1rem */
  }

  .social-icons a {
```

```
  color: var(--navbar-text);                    /* 使用变量设置文本颜色 */
  font-size: 1.5rem;                            /* 字体大小 1.5rem */
  margin: 0 0.5rem;                             /* 左右外边距 0.5rem */
  transition: color var(--transition-speed);    /* 添加颜色过渡效果 */
}


.social-icons a:hover {
  color: var(--accent-color);                   /* 鼠标指针悬停时使用强调色 */
}

/* 响应式设计 */
@media (max-width: 1024px) {                     /* 中等屏幕设备的媒体查询 */
  .about-container {
    flex-direction: column;                      /* 改变弹性布局方向为垂直排列 */
    text-align: center;                          /* 文本居中 */
  }
  .projects-grid {
    grid-template-columns: repeat(auto-fit, minmax(14rem, 1fr));  /* 调整网格布局 */
  }
}

@media (max-width: 768px) {                      /* 小屏幕设备的媒体查询 */
  .hamburger {
    display: block;                              /* 显示汉堡菜单按钮 */
  }
  .menu {
    display: none;                               /* 默认隐藏菜单 */
    position: absolute;                          /* 绝对定位 */
    top: 4rem;                                    /* 顶部位置从导航栏底部开始 */
    left: 0;                                      /* 左侧对齐到屏幕边缘 */
    width: 100%;                                  /* 宽度占满屏幕 */
    background: var(--navbar-background);         /* 使用变量设置背景色 */
    flex-direction: column;                      /* 菜单项垂直排列 */
    align-items: center;                         /* 水平居中对齐 */
    padding: 1rem 0;                             /* 上下内边距 1rem */
    transition: background-color var(--transition-speed);  /* 添加背景色过渡效果 */
  }
  .menu.active {
    display: flex;                               /* 当添加 active 类时显示菜单 */
  }
  .skills-cards {
    gap: 1rem;                                    /* 减小技能卡片之间的间距 */
  }
  .skill-card {
    min-width: 6rem;                             /* 减小技能卡片的最小宽度 */
  }
  .projects-grid {
    grid-template-columns: 1fr;                  /* 项目卡片改为单列显示 */
  }
}
```

通过以上步骤，个人主页的信息展示部分已经设计完成，它以清晰、专业的方式呈现了个人资料、技能、经历和项目。这些内容不仅信息丰富，还通过精心的设计和布局提升了整体的视觉吸引力和用户体验（见图4-6）。

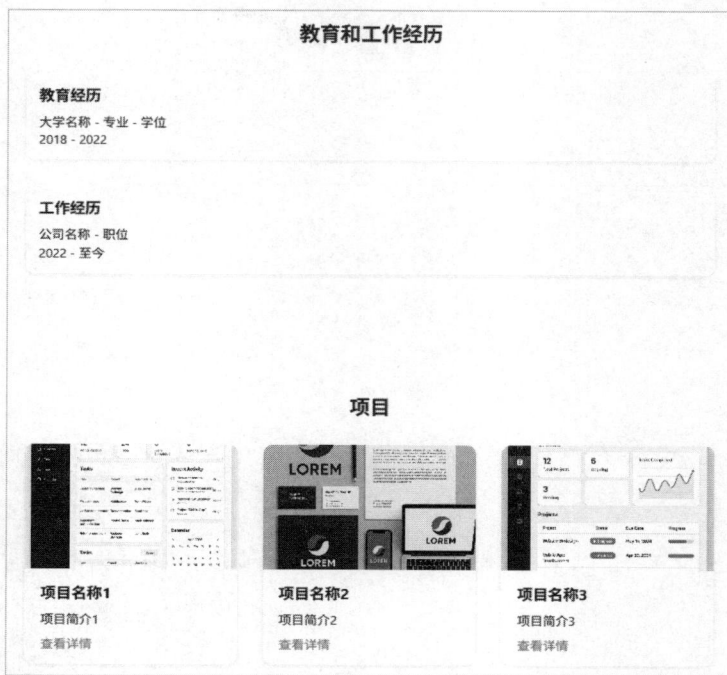

图 4-6　个人信息展示

　　个人信息展示是个人主页的灵魂，它直接反映了个人的专业背景和能力水平。在实际项目中，用户可以根据个人特点和目标受众调整内容侧重点，使个人主页成为展示个人价值的有效工具。结合前面完成的响应式设计和主题切换功能，现在的个人主页已经是一个功能完备、用户友好的现代网站了。

4.2　用 Windsurf 开发待办清单应用

4.2.1　任务添加与删除

　　待办清单应用的核心功能是任务的添加与删除，这直接关系到应用的基础可用性。一个好的任务管理系统应当让用户能够简单快速地创建新任务，并在完成后轻松移除。接下来将详细介绍如何使用Windsurf平台实现这些基础功能，建立待办清单应用的核心交互框架。
　　步骤1：首先创建一个新的项目文件夹，将其命名为To Do List。创建完毕后，打开Windsurf编辑器，在Windsurf编辑器的主界面中，找到并单击"Open Folder"（打开文件夹）按钮（见图4-7），这样就可以浏览计算机的文件。接下来浏览到刚才创建的文件夹，并选择它。

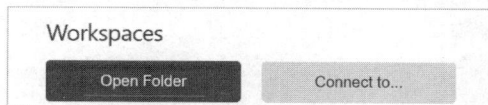

图 4-7　单击 Open Folder 按钮

步骤2：接下来在侧边栏的输入框中输入以下内容："设计一个待办清单应用的任务添加与删除功能。需要包含：①一个任务输入区域，带有文本框和添加按钮；②任务列表区域，显示所有已添加的任务；③每个任务项旁边要有删除按钮；④使用JavaScript代码实现添加任务功能，将用户输入转化为列表项；⑤实现删除功能，允许移除单个任务；⑥添加输入验证，确保不能添加空任务；⑦添加任务后自动清空输入框并将焦点重置到输入框；⑧支持按Enter键添加任务；⑨删除前显示确认对话框。请提供完整的HTML结构、CSS样式和JavaScript代码，确保代码简洁且功能完整"。然后单击"发送"按钮。

Windsurf会根据要求生成对应的代码，单击"Accept flie"按钮。首先，创建一个具有基本结构的HTML文件，页面顶部有一个标题"待办清单"，下方是一个输入区域，包含一个文本输入框和一个"添加"按钮，用户可以在此输入新任务。再下方是一个空的无序列表，用于显示已添加的任务。

```
<!DOCTYPE html>
<html lang="zh">
<head>
    <meta charset="UTF-8">
    <meta name="viewport" content="width=device-width, initial-scale=1.0">
    <title> 待办清单 </title>
    <link rel="stylesheet" href="styles.css">
</head>
<body>
    <div class="container">
        <h1> 待办清单 </h1>
        <div class="todo-input">
                <input type="text" id="taskInput" placeholder="输入新任务……"
autocomplete="off">
            <button id="addTask"> 添加 </button>
        </div>
        <ul id="taskList" class="todo-list">
        </ul>
    </div>
    <script src="script.js"></script>
</body>
</html>
```

步骤3：然后创建CSS文件，整体采用白色容器搭配浅灰色背景的设计，形成舒适的视觉对比。输入区域采用弹性布局，使输入框和按钮在各种屏幕尺寸下都能保持良好的比例。交互元素如输入框和按钮都有平滑的过渡效果，以提升用户体验。任务项设计简洁，每项都有清晰的背景色和圆角，以确保可读性。删除按钮采用红色，使用户能直观地识别其功能。

```
* {
    margin: 0;                         /* 移除所有元素的默认外边距 */
    padding: 0;                        /* 移除所有元素的默认内边距 */
    box-sizing: border-box;            /* 将盒模型设置为边框盒，使元素的宽度包含 padding
和 border */
}

body {
    font-family: 'Segoe UI', Tahoma, Geneva, Verdana, sans-serif;  /* 设置页面
字体 */
    background-color: #f5f5f5;         /* 设置浅灰色背景 */
```

```css
    color: #333;                                /* 设置深灰色文本 */
    line-height: 1.6;                           /* 设置行高为字体大小的1.6倍 */
}

.container {
    max-width: 600px;                           /* 容器最大宽度为600像素 */
    margin: 2rem auto;                          /* 上下外边距为2rem，左右自动居中 */
    padding: 2rem;                              /* 容器内边距为2rem */
    background-color: white;                    /* 容器背景色为白色 */
    border-radius: 10px;                        /* 容器边角圆角为10像素 */
    box-shadow: 0 2px 10px rgba(0, 0, 0, 0.1);  /* 添加轻微阴影效果 */
}

h1 {
    text-align: center;                         /* 标题居中对齐 */
    color: #2c3e50;                             /* 标题颜色为深蓝灰色 */
    margin-bottom: 2rem;                        /* 标题下方外边距为2rem */
}

.todo-input {
    display: flex;                              /* 使用弹性布局 */
    gap: 1rem;                                  /* 子元素之间的间距为1rem */
    margin-bottom: 1.5rem;                      /* 下方外边距为1.5rem */
}

#taskInput {
    flex: 1;                                    /* 输入框占据剩余空间 */
    padding: 0.8rem;                            /* 内边距为0.8rem */
    border: 2px solid #e0e0e0;                  /* 边框为2像素浅灰色实线 */
    border-radius: 5px;                         /* 边框圆角为5像素 */
    font-size: 1rem;                            /* 字体大小为1rem */
    transition: border-color 0.3s ease;         /* 边框颜色变化时添加过渡效果 */
}

#taskInput:focus {
    outline: none;                              /* 移除焦点时的默认轮廓 */
    border-color: #3498db;                      /* 聚焦时边框颜色变为蓝色 */
}

#addTask {
    padding: 0.8rem 1.5rem;                     /* 内边距：上下0.8rem，左右1.5rem */
    background-color: #3498db;                  /* 背景色为蓝色 */
    color: white;                               /* 文本颜色为白色 */
    border: none;                               /* 移除边框 */
    border-radius: 5px;                         /* 边框圆角为5像素 */
    cursor: pointer;                            /* 鼠标指针悬停时显示手形指针 */
    font-size: 1rem;                            /* 字体大小为1rem */
    transition: background-color 0.3s ease;     /* 背景色变化时添加过渡效果 */
}

#addTask:hover {
    background-color: #2980b9;                  /* 鼠标指针悬停时背景色变为深蓝色 */
}

.todo-list {
    list-style: none;                           /* 移除列表项前的默认标记 */
}
```

```
.todo-item {
    display: flex;                              /* 使用弹性布局 */
    align-items: center;                        /* 子元素垂直居中对齐 */
    padding: 1rem;                              /* 内边距为 1rem */
    background-color: #f8f9fa;                  /* 背景色为浅灰色 */
    margin-bottom: 0.5rem;                      /* 下方外边距为 0.5rem */
    border-radius: 5px;                         /* 边框圆角为 5 像素 */
}

.todo-item:last-child {
    margin-bottom: 0;                           /* 最后一个列表项移除下方外边距 */
}

.task-text {
    flex: 1;                                    /* 任务文本占据剩余空间 */
    margin-right: 1rem;                         /* 右侧外边距为 1rem */
}

.delete-btn {
    padding: 0.5rem 1rem;                       /* 内边距：上下 0.5rem，左右 1rem */
    background-color: #e74c3c;                  /* 背景色为红色 */
    color: white;                               /* 文本颜色为白色 */
    border: none;                               /* 移除边框 */
    border-radius: 5px;                         /* 边框圆角为 5 像素 */
    cursor: pointer;                            /* 鼠标指针悬停时显示手型指针 */
    transition: background-color 0.3s ease;     /* 背景色变化时添加过渡效果 */
}

.delete-btn:hover {
    background-color: #c0392b;                  /* 鼠标指针悬停时背景色变为深红色 */
}
```

步骤3：最后创建JavaScript文件，设置添加和删除任务的基本功能。用户可以在输入框中输入任务内容，然后单击"添加"按钮或按"Enter"键将任务添加到列表中；每个任务项都有一个删除按钮，单击后会显示确认对话框，确认后删除对应任务。代码包含输入验证逻辑，确保用户不能添加空任务。在用户体验方面也做了优化，如自动清空输入框、重新聚焦以便连续添加任务，以及页面加载时自动聚焦到输入框。

```
document.addEventListener('DOMContentLoaded', () => {
    const taskInput = document.getElementById('taskInput');
    const addTaskBtn = document.getElementById('addTask');
    const taskList = document.getElementById('taskList');

    // 添加任务函数
    function addTask() {
        const taskText = taskInput.value.trim();

        // 输入验证
        if (taskText) {
            alert(' 请输入任务内容！');
            return;
        }

        // 创建新的任务项
```

```
        const li = document.createElement('li');
        li.className = 'todo-item';

        // 创建任务文本
        const taskSpan = document.createElement('span');
        taskSpan.className = 'task-text';
        taskSpan.textContent = taskText;

        // 创建删除按钮
        const deleteBtn = document.createElement('button');
        deleteBtn.className = 'delete-btn';
        deleteBtn.textContent = ' 删除 ';
        deleteBtn.onclick = () => {
            if (confirm(' 确定要删除这个任务吗？ ')) {
                li.remove();
            }
        };

        // 将元素添加到 li
        li.appendChild(taskSpan);
        li.appendChild(deleteBtn);

        // 将 li 添加到任务列表
        taskList.appendChild(li);

        // 清空输入框并重置焦点
        taskInput.value = '';
        taskInput.focus();
    }

    // 添加任务按钮单击事件
    addTaskBtn.addEventListener('click', addTask);

    // 按 Enter 键添加任务
    taskInput.addEventListener('keypress', (e) => {
        if (e.key === 'Enter') {
            addTask();
        }
    });

    // 初始化时给输入框设置焦点
    taskInput.focus();
});
```

完成以上步骤后，待办清单应用已具备了基础的任务管理能力。用户可以轻松添加新任务，在完成后删除任务，这构成了应用的核心交互循环。用户可以在浏览器中打开index.html文件来使用这个待办清单应用（见图4-8）。

这些功能虽然简单，但通过细节处理如输入验证、确认提示词和键盘支持，大大提升了用户体验。接下来将着眼于任务状态管理，使应用能够追踪任务的完成情况，进一步增强其实用性。

图 4-8　待办清单页面

4.2.2　状态管理

任务状态管理是待办清单应用的重要功能，它让用户能够追踪任务的完成进度，区分待办项目和已完成项目。有效的状态管理不仅提升了应用的实用性，还能给用户带来完成任务的成就感。接下来将详细讲解如何使用Windsurf实现任务状态切换、筛选和统计功能，让待办清单更加智能和易用。

步骤1：在侧边栏的输入框中输入以下内容："为待办清单应用实现任务状态管理功能，需要满足如下要求：①给每个任务项添加复选框，表示完成/未完成状态；②单击复选框时改变任务状态，已完成任务应用删除线和灰色样式；③添加状态筛选功能，包括全部/待办/已完成三个选项；④根据筛选条件显示或隐藏相应的任务项；⑤在页面顶部显示待完成任务计数（例如"3个待办任务"）；⑥添加"全部标记为完成"按钮；⑦添加"清除已完成"按钮，移除所有已完成的任务；⑧为状态变化添加平滑的CSS过渡效果；⑨确保筛选状态在添加新任务后仍然保持。请提供完整的HTML、CSS和JavaScript代码，代码要简洁高效"。单击"发送"按钮。

Windsurf会根据要求生成对应的代码，单击"Accept flie"。在HTML结构中添加任务计数显示和筛选按钮（全部/待办/已完成），以及"全部标记为完成"和"清除已完成"按钮。

```
<!DOCTYPE html>
<html lang="zh">
<head>
    <meta charset="UTF-8">
    <meta name="viewport" content="width=device-width, initial-scale=1.0">
    <title>待办清单</title>
    <link rel="stylesheet" href="styles.css">
</head>
<body>
    <div class="container">
        <h1>待办清单</h1>
        <div class="todo-header">
            <div class="todo-input">
                <input type="text" id="taskInput" placeholder="输入新任务……"
autocomplete="off">
                <button id="addTask">添加</button>
            </div>
            <div class="todo-count">0 个待办任务</div>
        </div>
        <div class="filter-buttons">
            <button class="filter-btn active" data-filter="all">全部</button>
```

```
                <button class="filter-btn" data-filter="active">待办</button>
                <button class="filter-btn" data-filter="completed">已完成</button>
        </div>
        <div class="action-buttons">
            <button id="markAllComplete">全部标记为完成</button>
            <button id="clearCompleted">清除已完成</button>
        </div>
        <ul id="taskList" class="todo-list">
        </ul>
    </div>
    <script src="script.js"></script>
</body>
</html>
```

步骤2：在CSS样式中添加任务完成状态的样式（删除线和灰色背景）、筛选按钮和操作按钮的样式、平滑的过渡效果，优化整体布局和间距。

```
* {
    margin: 0;
    padding: 0;
    box-sizing: border-box;
}

body {
    font-family: 'Segoe UI', Tahoma, Geneva, Verdana, sans-serif;
    background-color: #f5f5f5;
    color: #333;
    line-height: 1.6;
}

.container {
    max-width: 600px;
    margin: 2rem auto;
    padding: 2rem;
    background-color: white;
    border-radius: 10px;
    box-shadow: 0 2px 10px rgba(0, 0, 0, 0.1);
}

h1 {
    text-align: center;
    color: #2c3e50;
    margin-bottom: 2rem;
}

.todo-input {
    display: flex;
    gap: 1rem;
    margin-bottom: 1.5rem;
}

#taskInput {
    flex: 1;
    padding: 0.8rem;
    border: 2px solid #e0e0e0;
    border-radius: 5px;
```

```css
    font-size: 1rem;
    transition: border-color 0.3s ease;
}

#taskInput:focus {
    outline: none;
    border-color: #3498db;
}

#addTask {
    padding: 0.8rem 1.5rem;
    background-color: #3498db;
    color: white;
    border: none;
    border-radius: 5px;
    cursor: pointer;
    font-size: 1rem;
    transition: background-color 0.3s ease;
}

#addTask:hover {
    background-color: #2980b9;
}

.todo-list {
    list-style: none;
}

.todo-item {
    display: flex;
    align-items: center;
    padding: 1rem;
    background-color: #f8f9fa;
    margin-bottom: 0.5rem;
    border-radius: 5px;
    transition: all 0.3s ease;
}

.todo-item:last-child {
    margin-bottom: 0;
}

.todo-item.completed {
    background-color: #f5f5f5;
}

.todo-item.completed .task-text {
    text-decoration: line-through;
    color: #888;
}

.todo-item.completed .delete-btn {
    background-color: #95a5a6;
}

.todo-item.completed .delete-btn:hover {
    background-color: #7f8c8d;
```

```
    }

    .task-checkbox {
        margin-right: 1rem;
        width: 20px;
        height: 20px;
    }

    .todo-count {
        margin-top: 1rem;
        font-size: 0.9rem;
        color: #666;
    }

    .filter-buttons {
        margin: 1rem 0;
        display: flex;
        gap: 0.5rem;
    }

    .filter-btn {
        padding: 0.5rem 1rem;
        border: none;
        border-radius: 5px;
        background-color: #e0e0e0;
        color: #333;
        cursor: pointer;
        transition: all 0.3s ease;
    }

    .filter-btn.active {
        background-color: #3498db;
        color: white;
    }

    .filter-btn:hover:not(.active) {
        background-color: #d0d0d0;
    }

    .action-buttons {
        display: flex;
        gap: 1rem;
        margin-bottom: 1rem;
    }

    .action-buttons button {
        padding: 0.5rem 1rem;
        border: none;
        border-radius: 5px;
        background-color: #2ecc71;
        color: white;
        cursor: pointer;
        transition: background-color 0.3s ease;
    }

    .action-buttons button:hover {
        background-color: #27ae60;
```

```
    }
```

步骤3：使用JavaScript代码添加任务完成状态切换功能、任务筛选功能、任务计数更新功能，实现"全部标记为完成"功能、"清除已完成"功能，在添加新任务后保持筛选状态的有效性。

```
document.addEventListener('DOMContentLoaded', () => {
    const taskInput = document.getElementById('taskInput');
    const addTaskBtn = document.getElementById('addTask');
    const taskList = document.getElementById('taskList');
    const todoCount = document.querySelector('.todo-count');
    const filterButtons = document.querySelectorAll('.filter-btn');
    const markAllCompleteBtn = document.getElementById('markAllComplete');
    const clearCompletedBtn = document.getElementById('clearCompleted');
    let currentFilter = 'all';

    // 更新待办任务计数
    function updateTodoCount() {
        const activeTasks = taskList.querySelectorAll('.todo-item:not(.
completed)');
        todoCount.textContent = `${activeTasks.length} 个待办任务 `;
    }

    // 添加任务函数
    function addTask() {
        const taskText = taskInput.value.trim();

        // 输入验证
        if (taskText) {
            alert('请输入任务内容！');
            return;
        }

        // 创建新的任务项
        const li = document.createElement('li');
        li.className = 'todo-item';

        // 创建复选框
        const checkbox = document.createElement('input');
        checkbox.type = 'checkbox';
        checkbox.className = 'task-checkbox';
        checkbox.onclick = () => {
            li.classList.toggle('completed');
            updateTodoCount();
        };

        // 创建任务文本
        const taskSpan = document.createElement('span');
        taskSpan.className = 'task-text';
        taskSpan.textContent = taskText;

        // 创建删除按钮
        const deleteBtn = document.createElement('button');
        deleteBtn.className = 'delete-btn';
        deleteBtn.textContent = ' 删除 ';
        deleteBtn.onclick = () => {
```

```
            if (confirm(' 确定要删除这个任务吗？')) {
                li.remove();
                updateTodoCount();
            }
        };

        // 将元素添加到 li
        li.appendChild(checkbox);
        li.appendChild(taskSpan);
        li.appendChild(deleteBtn);

        // 将 li 添加到任务列表
        taskList.appendChild(li);

        // 更新计数并重置输入
        updateTodoCount();
        taskInput.value = '';
        taskInput.focus();
    }

    // 筛选任务
    function filterTasks(filter) {
        currentFilter = filter;
        taskList.querySelectorAll('.todo-item').forEach(item => {
            if (filter === 'all') {
                item.style.display = 'flex';
            } else if (filter === 'active' && !item.classList.
contains('completed')) {
                item.style.display = 'flex';
            } else if (filter === 'completed' && item.classList.
contains('completed')) {
                item.style.display = 'flex';
            } else {
                item.style.display = 'none';
            }
        });
    }

    // 初始化筛选按钮
    filterButtons.forEach(button => {
        button.addEventListener('click', () => {
            filterButtons.forEach(btn => btn.classList.remove('active'));
            button.classList.add('active');
            filterTasks(button.dataset.filter);
        });
    });

    // 标记所有任务为完成
    markAllCompleteBtn.addEventListener('click', () => {
        taskList.querySelectorAll('.todo-item').forEach(item => {
            item.classList.add('completed');
            // 更新复选框状态
            const checkbox = item.querySelector('.task-checkbox');
            if (checkbox) {
                checkbox.checked = true;
            }
        });
```

```
            updateTodoCount();
        });

        // 清除已完成任务
        clearCompletedBtn.addEventListener('click', () => {
            if (confirm(' 确定要清除所有已完成的任务吗？ ')) {
                taskList.querySelectorAll('.todo-item.completed').forEach(item => {
                    item.remove();
                });
                updateTodoCount();
            }
        });

        // 添加任务按钮单击事件
        addTaskBtn.addEventListener('click', addTask);

        // 按 Enter 键添加任务
        taskInput.addEventListener('keypress', (e) => {
            if (e.key === 'Enter') {
                addTask();
            }
        });

        // 初始化
        taskInput.focus();
        updateTodoCount();
    });
```

步骤4：在文本框中输入任务内容，单击"添加"按钮或按"Enter"键创建任务；单击任务前的复选框可切换任务的完成状态；使用筛选按钮查看不同状态的任务；使用"全部标记为完成"按钮快速完成所有任务；使用"清除已完成"按钮移除已完成的任务。用户可以直接在浏览器中打开index.html文件来使用这个待办清单应用（见图4-9）。

图 4-9 待办清单应用界面

至此，待办清单应用已经具备了完善的状态管理功能。用户不仅可以标记任务完成状态，此外还能够根据需要筛选查看不同类别的任务，通过计数器了解整体进度。这些功能大大增强了应用的实用性，使其从简单的任务列表升级为真正的任务管理工具。接下来，将介绍如何实现本地数据存储，使用户的任务数据能够在页面刷新或浏览器关闭后依然保留。

4.2.3　本地数据存储

数据持久化是提升待办清单应用用户体验的关键环节。没有存储功能的应用会在页面刷新或浏览器关闭后丢失所有任务数据，大大降低实用性。接下来将详细介绍如何使用Windsurf实现本地数据存储功能，确保用户可以持续跟踪和管理他们的任务列表。

步骤1：在侧边栏的输入框中输入以下内容："为待办清单应用实现本地数据存储功能，需要满足如下要求：①使用localStorage API存储任务列表数据；②定义任务数据结构，包含ID、文本内容、完成状态和时间戳；③实现saveData()函数，将任务数组转换为JSON字符串并存储；④实现loadData()函数，从localStorage读取并解析数据；⑤在添加任务、删除任务、任务状态变更时自动保存数据；⑥加载页面时自动从本地存储恢复任务列表；⑦添加错误处理，防止数据损坏或存储不可用时崩溃；⑧实现数据导出功能，生成可下载的JSON文件；⑨实现数据导入功能，允许上传JSON文件恢复任务；⑩添加"清除所有数据"选项并要求确认。需要提供完整的JavaScript代码，确保与之前的任务添加、删除和状态管理功能无缝集成"。单击"发送"按钮。

Windsurf会根据要求生成对应的代码，单击"Accept flie"按钮。在HTML结构中新增"导出数据"（生成JSON文件）、"导入数据"（支持导入JSON文件）、"清除所有数据"按钮，用于删除所有任务和本地存储。

```html
<!DOCTYPE html>
<html lang="zh">
<head>
    <meta charset="UTF-8">
    <meta name="viewport" content="width=device-width, initial-scale=1.0">
    <title> 待办清单 </title>
    <link rel="stylesheet" href="styles.css">
</head>
<body>
    <div class="container">
        <h1> 待办清单 </h1>
        <div class="todo-header">
            <div class="todo-input">
                <input type="text" id="taskInput" placeholder=" 输入新任务……"
autocomplete="off">
                <button id="addTask"> 添加 </button>
            </div>
            <div class="todo-count">0 个待办任务 </div>
        </div>
        <div class="filter-buttons">
            <button class="filter-btn active" data-filter="all"> 全部 </button>
            <button class="filter-btn" data-filter="active"> 待办 </button>
            <button class="filter-btn" data-filter="completed"> 已完成 </button>
        </div>
        <div class="action-buttons">
            <button id="markAllComplete"> 全部标记为完成 </button>
            <button id="clearCompleted"> 清除已完成 </button>
            <button id="exportData"> 导出数据 </button>
            <button id="importData"> 导入数据 </button>
            <button id="clearAllData"> 清除所有数据 </button>
        </div>
        <ul id="taskList" class="todo-list">
```

```
        </ul>
    </div>
    <script src="script.js"></script>
</body>
</html>
```

步骤2：更新script.js文件，使用localStorage存储任务数据，添加错误处理机制，实现数据的自动保存和加载。

```javascript
document.addEventListener('DOMContentLoaded', () => {
    const taskInput = document.getElementById('taskInput');
    const addTaskBtn = document.getElementById('addTask');
    const taskList = document.getElementById('taskList');
    const todoCount = document.querySelector('.todo-count');
    const filterButtons = document.querySelectorAll('.filter-btn');
    const markAllCompleteBtn = document.getElementById('markAllComplete');
    const clearCompletedBtn = document.getElementById('clearCompleted');
    const exportDataBtn = document.getElementById('exportData');
    const importDataBtn = document.getElementById('importData');
    const clearAllDataBtn = document.getElementById('clearAllData');
    let currentFilter = 'all';
    const STORAGE_KEY = 'todoList_tasks';
    let tasks = [];

    // 定义任务数据结构
    function createTask(id, text, completed = false) {
        return {
            id: id,
            text: text,
            completed: completed,
            timestamp: Date.now()
        };
    }

    // 保存数据到 localStorage
    function saveData() {
        try {
            localStorage.setItem(STORAGE_KEY, JSON.stringify(tasks));
        } catch (error) {
            console.error('保存数据失败：', error);
            alert('保存数据失败，请检查浏览器是否支持 localStorage');
        }
    }

    // 从 localStorage 加载数据
    function loadData() {
        try {
            const data = localStorage.getItem(STORAGE_KEY);
            if (data) {
                tasks = JSON.parse(data);
                renderTasks();
            }
        } catch (error) {
            console.error('加载数据失败：', error);
            tasks = [];
        }
```

95

```
    }

    // 渲染任务列表
    function renderTasks() {
        taskList.innerHTML = '';
        tasks.forEach(task => {
            const li = document.createElement('li');
            li.className = `todo-item ${task.completed ? 'completed' : ''}`;

            // 创建复选框
            const checkbox = document.createElement('input');
            checkbox.type = 'checkbox';
            checkbox.className = 'task-checkbox';
            checkbox.checked = task.completed;
            checkbox.onclick = () => {
                toggleTaskStatus(task.id);
            };

            // 创建任务文本
            const taskSpan = document.createElement('span');
            taskSpan.className = 'task-text';
            taskSpan.textContent = task.text;

            // 创建删除按钮
            const deleteBtn = document.createElement('button');
            deleteBtn.className = 'delete-btn';
            deleteBtn.textContent = ' 删除 ';
            deleteBtn.onclick = () => {
                deleteTask(task.id);
            };

            // 将元素添加到 li
            li.appendChild(checkbox);
            li.appendChild(taskSpan);
            li.appendChild(deleteBtn);

            // 将 li 添加到任务列表
            taskList.appendChild(li);
        });
        updateTodoCount();
        filterTasks(currentFilter);
    }

    // 更新任务状态
    function toggleTaskStatus(id) {
        const task = tasks.find(t => t.id === id);
        if (task) {
            task.completed = !task.completed;
            saveData();
            renderTasks();
        }
    }

    // 删除任务
    function deleteTask(id) {
        if (confirm(' 确定要删除这个任务吗？ ')) {
            tasks = tasks.filter(task => task.id !== id);
```

```
        saveData();
        renderTasks();
    }
}

// 添加任务函数
function addTask() {
    const taskText = taskInput.value.trim();

    // 输入验证
    if (taskText) {
        alert('请输入任务内容！');
        return;
    }

    // 创建新任务
    const newTask = createTask(Date.now(), taskText);
    tasks.push(newTask);
    saveData();
    renderTasks();

    // 清空输入框并重置焦点
    taskInput.value = '';
    taskInput.focus();
}

// 导出数据
function exportData() {
    const dataStr = JSON.stringify(tasks, null, 2);
    const blob = new Blob([dataStr], { type: 'application/json' });
    const url = URL.createObjectURL(blob);
    const a = document.createElement('a');
    a.href = url;
    a.download = `todo_list_${Date.now()}.json`;
    document.body.appendChild(a);
    a.click();
    document.body.removeChild(a);
    URL.revokeObjectURL(url);
}

// 导入数据
function importData() {
    const input = document.createElement('input');
    input.type = 'file';
    input.accept = '.json';
    input.onchange = (e) => {
        const file = e.target.files[0];
        if (file) {
            const reader = new FileReader();
            reader.onload = (e) => {
                try {
                    const data = JSON.parse(e.target.result);
                    tasks = data;
                    saveData();
                    renderTasks();
                    alert('数据导入成功！');
                } catch (error) {
```

97

```
                            console.error(' 导入数据失败 :', error);
                            alert(' 导入数据失败，请确保文件格式正确 ');
                        }
                    };
                    reader.readAsText(file);
                }
            };
        input.click();
    }

    // 清除所有数据
    function clearAllData() {
        if (confirm(' 确定要清除所有数据吗？这将删除所有任务！')) {
            tasks = [];
            localStorage.removeItem(STORAGE_KEY);
            renderTasks();
        }
    }

    // 筛选任务
    function filterTasks(filter) {
        currentFilter = filter;
        taskList.querySelectorAll('.todo-item').forEach(item => {
            if (filter === 'all') {
                item.style.display = 'flex';
            } else if (filter === 'active' && !item.classList.contains('completed')) {
                item.style.display = 'flex';
            } else if (filter === 'completed' && item.classList.contains('completed')) {
                item.style.display = 'flex';
            } else {
                item.style.display = 'none';
            }
        });
    }

    // 更新待办任务计数
    function updateTodoCount() {
        const activeTasks = taskList.querySelectorAll('.todo-item:not(.completed)');
        todoCount.textContent = `${activeTasks.length} 个待办任务 `;
    }

    // 标记所有任务为已完成
    markAllCompleteBtn.addEventListener('click', () => {
        tasks.forEach(task => {
            task.completed = true;
        });
        saveData();
        renderTasks();
    });

    // 清除已完成任务
    clearCompletedBtn.addEventListener('click', () => {
        if (confirm(' 确定要清除所有已完成的任务吗？')) {
            tasks = tasks.filter(task => !task.completed);
            saveData();
            renderTasks();
        }
```

```
    });

    // 数据管理按钮事件
    exportDataBtn.addEventListener('click', exportData);
    importDataBtn.addEventListener('click', importData);
    clearAllDataBtn.addEventListener('click', clearAllData);

    // 添加任务按钮单击事件
    addTaskBtn.addEventListener('click', addTask);

    // 按 Enter 键添加任务
    taskInput.addEventListener('keypress', (e) => {
        if (e.key === 'Enter') {
            addTask();
        }
    });

    // 初始化筛选按钮
    filterButtons.forEach(button => {
        button.addEventListener('click', () => {
            filterButtons.forEach(btn => btn.classList.remove('active'));
            button.classList.add('active');
            filterTasks(button.dataset.filter);
        });
    });

    // 初始化
    loadData();
    taskInput.focus();
    updateTodoCount();
});
```

步骤3：完成以上更新后，在加载页面时页面会自动从localStorage加载数据，所有操作（添加、删除、状态变更）都会自动保存到localStorage，用户可以使用"导出数据"按钮将任务列表导出为JSON文件，使用"导入数据"按钮从JSON文件恢复任务，使用"清除所有数据"按钮删除所有任务和本地存储。在浏览器中打开index.html文件来使用这个待办清单应用（见图4-10）。

图 4-10 待办清单应用界面

通过实现本地数据存储功能，待办清单应用现在可以保存用户的任务数据，从而真正具备了实用价值。用户不必担心数据丢失，可以长期使用该应用管理任务。此外，数据导入、导出功能提供了额外的灵活性，使用户能够备份数据或在不同设备间同步任务列表。接下来，我们将专注于应用的界面美化，通过精心的设计提升视觉吸引力和用户体验，让这个功能完善的待办清单应用更加美观、易用。

4.2.4　界面美化

界面美化是将功能性应用转变为令人愉悦的产品的关键步骤。一个设计精美的界面不仅能够提升用户体验，还能增强应用的专业感和可用性。接下来将详细介绍如何使用Windsurf为待办清单应用添加视觉设计元素，从颜色方案到交互动画，全方位提升应用的美观度和用户友好性。

步骤1：在侧边栏的输入框中输入以下内容："为待办清单应用设计一套美观的用户界面，需要满足如下要求：①设计现代简约的色彩方案，使用柔和的主色调；②实现卡片式布局，为应用容器和任务项添加阴影和圆角；③美化输入区域，添加焦点效果和过渡动画；④设计自定义复选框样式，使用图标或动画效果表示完成状态；⑤为任务添加/删除操作添加平滑的动画效果；⑥优化空列表状态，显示友好的提示信息或插图；⑦实现响应式设计，确保在手机和桌面设备上都有良好的体验；⑧添加深色/浅色主题切换功能；⑨使用优雅的字体和图标集；⑩为所有交互元素添加适当的悬停和单击效果。请提供完整的CSS代码，并调整HTML结构以适应新的设计需求。代码应注重可维护性和性能"。单击"发送"按钮。

Windsurf会根据要求生成对应的代码，单击"Accept flie"按钮。在HTML结构中增加了更多视觉元素和用户体验的改进，添加了主题切换功能，右上角有一个月亮图标，用于切换深色/浅色主题。所有按钮都添加了Font Awesome图标，以提升视觉吸引力和可识别性。新增了空状态提示区域，当没有任务时显示友好的提示信息和图标。任务列表被包装在一个独立的容器中，以改善布局结构。添加了主题指示器，直观地显示当前主题状态。

```
<!DOCTYPE html>
<html lang="zh">
<head>
    <meta charset="UTF-8">
    <meta name="viewport" content="width=device-width, initial-scale=1.0">
    <title>待办清单</title>
    <link rel="stylesheet" href="styles.css">
     <link rel="stylesheet" href="https://cdnjs.cloudflare.com/ajax/libs/font-
awesome/6.0.0/css/all.min.css">
</head>
<body>
    <div class="theme-switch">
        <button id="themeToggle" aria-label="切换主题">
            <i class="fas fa-moon"></i>
        </button>
    </div>
    <div class="container">
        <div class="app-header">
            <h1>待办清单</h1>
            <div class="theme-indicator"></div>
        </div>
        <div class="todo-header">
            <div class="todo-input">
                <input type="text" id="taskInput" placeholder="输入新任务……"
autocomplete="off">
```

```html
                <button id="addTask">
                    <i class="fas fa-plus"></i>
                </button>
            </div>
            <div class="todo-count">0 个待办任务 </div>
        </div>
        <div class="filter-buttons">
            <button class="filter-btn active" data-filter="all">
                <i class="fas fa-list"></i> 全部
            </button>
            <button class="filter-btn" data-filter="active">
                <i class="fas fa-circle"></i> 待办
            </button>
            <button class="filter-btn" data-filter="completed">
                <i class="fas fa-check-circle"></i> 已完成
            </button>
        </div>
        <div class="action-buttons">
            <button id="markAllComplete">
                <i class="fas fa-check-double"></i> 全部标记为完成
            </button>
            <button id="clearCompleted">
                <i class="fas fa-trash-alt"></i> 清除已完成
            </button>
            <button id="exportData">
                <i class="fas fa-file-export"></i> 导出数据
            </button>
            <button id="importData">
                <i class="fas fa-file-import"></i> 导入数据
            </button>
            <button id="clearAllData">
                <i class="fas fa-trash"></i> 清除所有数据
            </button>
        </div>
        <div class="todo-list-wrapper">
            <ul id="taskList" class="todo-list"></ul>
            <div class="empty-state">
                <i class="fas fa-check-circle"></i>
                <h2> 没有任务 </h2>
                <p> 添加你的第一个任务开始吧！</p>
            </div>
        </div>
    </div>
</div>
<script src="script.js"></script>
</body>
</html>
```

步骤2：在CSS样式代码中，为待办清单应用创建了一个专业级的用户界面。通过CSS变量实现完整的深色/浅色主题切换，颜色方案经过精心调整，确保两种主题下的可读性和美观性；添加了细致的过渡动画、悬停效果和任务添加的入场动画，使界面富有生命力；精心设计的圆形复选框，带有平滑的状态切换效果；当没有任务时显示友好的提示信息和图标；在移动设备上自动调整布局，确保在各种屏幕尺寸上都有良好的显示效果。

```css
:root {
    --primary-color: #4a90e2;
```

```css
    --secondary-color: #3498db;
    --success-color: #2ecc71;
    --error-color: #e74c3c;
    --background-color: #ffffff;
    --text-color: #2c3e50;
    --border-color: #e0e0e0;
    --shadow-color: rgba(0, 0, 0, 0.1);
    --transition: all 0.3s ease;
}

[data-theme="dark"] {
    --primary-color: #65b0ff;
    --secondary-color: #4a90e2;
    --success-color: #66d966;
    --error-color: #ff7961;
    --background-color: #1a1a1a;
    --text-color: #ffffff;
    --border-color: #333333;
    --shadow-color: rgba(0, 0, 0, 0.3);
}

* {
    margin: 0;
    padding: 0;
    box-sizing: border-box;
}

body {
    font-family: 'Segoe UI', Tahoma, Geneva, Verdana, sans-serif;
    background-color: var(--background-color);
    color: var(--text-color);
    line-height: 1.6;
    transition: var(--transition);
}

.container {
    max-width: 800px;
    margin: 2rem auto;
    padding: 2rem;
    background-color: var(--background-color);
    border-radius: 15px;
    box-shadow: 0 10px 30px var(--shadow-color);
}

.app-header {
    display: flex;
    justify-content: space-between;
    align-items: center;
    margin-bottom: 2rem;
}

.app-header h1 {
    color: var(--text-color);
    font-size: 2rem;
    font-weight: 600;
}
```

```css
.theme-indicator {
    width: 25px;
    height: 25px;
    border-radius: 50%;
    background-color: var(--primary-color);
    transition: var(--transition);
}

.theme-switch {
    position: fixed;
    top: 1rem;
    right: 1rem;
    z-index: 1000;
}

.theme-switch button {
    background: none;
    border: none;
    cursor: pointer;
    padding: 0.5rem;
    border-radius: 50%;
    color: var(--text-color);
    transition: var(--transition);
}

.theme-switch button:hover {
    background-color: var(--primary-color);
    color: white;
}

.todo-header {
    display: flex;
    flex-direction: column;
    gap: 1rem;
    margin-bottom: 2rem;
}

.todo-input {
    display: flex;
    gap: 0.5rem;
    background: rgba(255, 255, 255, 0.1);
    border-radius: 10px;
    padding: 0.5rem;
    transition: var(--transition);
}

.todo-input:hover {
    background: rgba(255, 255, 255, 0.2);
}

#taskInput {
    flex: 1;
    padding: 0.8rem;
    border: 2px solid var(--border-color);
    border-radius: 8px;
    font-size: 1rem;
    background: transparent;
```

```css
        color: var(--text-color);
        transition: var(--transition);
    }

    #taskInput:focus {
        outline: none;
        border-color: var(--primary-color);
        box-shadow: 0 0 0 3px rgba(74, 144, 226, 0.2);
    }

    #addTask {
        display: flex;
        align-items: center;
        justify-content: center;
        padding: 0.8rem;
        background-color: var(--primary-color);
        color: white;
        border: none;
        border-radius: 8px;
        cursor: pointer;
        font-size: 1rem;
        transition: var(--transition);
    }

    #addTask:hover {
        background-color: var(--secondary-color);
        transform: translateY(-1px);
    }

    .todo-count {
        font-size: 0.9rem;
        color: var(--text-color);
        opacity: 0.8;
    }

    .filter-buttons {
        display: flex;
        gap: 0.5rem;
        margin-bottom: 1.5rem;
        flex-wrap: wrap;
    }

    .filter-btn {
        display: flex;
        align-items: center;
        gap: 0.5rem;
        padding: 0.5rem 1rem;
        border: 2px solid var(--border-color);
        border-radius: 8px;
        background: transparent;
        color: var(--text-color);
        cursor: pointer;
        transition: var(--transition);
    }

    .filter-btn.active {
        background-color: var(--primary-color);
```

```css
    border-color: var(--primary-color);
    color: white;
}

.filter-btn:hover:not(.active) {
    background-color: rgba(74, 144, 226, 0.1);
    border-color: var(--primary-color);
}

.action-buttons {
    display: flex;
    gap: 1rem;
    margin-bottom: 1.5rem;
    flex-wrap: wrap;
}

.action-buttons button {
    display: flex;
    align-items: center;
    gap: 0.5rem;
    padding: 0.5rem 1rem;
    border: none;
    border-radius: 8px;
    background-color: var(--success-color);
    color: white;
    cursor: pointer;
    transition: var(--transition);
}

.action-buttons button:hover {
    background-color: #27ae60;
    transform: translateY(-1px);
}

.todo-list-wrapper {
    position: relative;
}

.todo-list {
    list-style: none;
}

.todo-item {
    display: flex;
    align-items: center;
    padding: 1rem;
    background-color: rgba(255, 255, 255, 0.1);
    border-radius: 10px;
    margin-bottom: 0.5rem;
    transition: var(--transition);
    animation: slideIn 0.3s ease-out;
}

@keyframes slideIn {
    from {
        opacity: 0;
        transform: translateY(-10px);
```

```
    }
    to {
        opacity: 1;
        transform: translateY(0);
    }
}

.todo-item.completed {
    background-color: rgba(255, 255, 255, 0.15);
}

.todo-item.completed .task-text {
    text-decoration: line-through;
    color: #888;
}

.todo-item.completed .delete-btn {
    background-color: var(--error-color);
}

.todo-item.completed .delete-btn:hover {
    background-color: #c0392b;
}

.task-checkbox {
    position: relative;
    margin-right: 1rem;
    width: 20px;
    height: 20px;
    cursor: pointer;
    -webkit-appearance: none;
    -moz-appearance: none;
    appearance: none;
    outline: none;
}

.task-checkbox::before {
    content: '';
    position: absolute;
    top: 0;
    left: 0;
    width: 100%;
    height: 100%;
    border: 2px solid var(--border-color);
    border-radius: 50%;
    transition: var(--transition);
}

.task-checkbox:checked::before {
    border-color: var(--primary-color);
}

.task-checkbox::after {
    content: '';
    position: absolute;
    top: 5px;
    left: 5px;
```

```
    width: 10px;
    height: 10px;
    background-color: var(--primary-color);
    border-radius: 50%;
    transform: scale(0);
    transition: var(--transition);
}

.task-checkbox:checked::after {
    transform: scale(1);
}

.task-text {
    flex: 1;
    margin-right: 1rem;
    font-size: 1rem;
}

.delete-btn {
    padding: 0.5rem 1rem;
    background-color: var(--error-color);
    color: white;
    border: none;
    border-radius: 5px;
    cursor: pointer;
    transition: var(--transition);
}

.delete-btn:hover {
    background-color: #c0392b;
    transform: translateY(-1px);
}

.empty-state {
    display: none;
    text-align: center;
    padding: 2rem;
    color: var(--text-color);
    opacity: 0.7;
}

.empty-state i {
    font-size: 3rem;
    margin-bottom: 1rem;
    color: var(--primary-color);
}

.empty-state h2 {
    font-size: 1.5rem;
    margin-bottom: 0.5rem;
}

.todo-list.empty + .empty-state {
    display: block;
}

/* 响应式设计 */
```

```css
@media (max-width: 768px) {
    .container {
        margin: 1rem;
        padding: 1rem;
    }

    .app-header h1 {
        font-size: 1.5rem;
    }

    .action-buttons {
        flex-direction: column;
    }

    .action-buttons button {
        width: 100%;
        justify-content: center;
    }
}
```

步骤3：在JavaScript代码中，增加了主题切换功能，使整个应用更加完善。实现了完整的深色/浅色主题切换功能，包括保存用户偏好到localStorage；检测并响应用户系统主题偏好，优先使用系统设置；当任务列表为空时，显示一个友好的提示信息；使用Font Awesome图标替换了纯文本界面元素。

```javascript
document.addEventListener('DOMContentLoaded', () => {
    const taskInput = document.getElementById('taskInput');
    const addTaskBtn = document.getElementById('addTask');
    const taskList = document.getElementById('taskList');
    const todoCount = document.querySelector('.todo-count');
    const filterButtons = document.querySelectorAll('.filter-btn');
    const markAllCompleteBtn = document.getElementById('markAllComplete');
    const clearCompletedBtn = document.getElementById('clearCompleted');
    const exportDataBtn = document.getElementById('exportData');
    const importDataBtn = document.getElementById('importData');
    const clearAllDataBtn = document.getElementById('clearAllData');
    const themeToggle = document.getElementById('themeToggle');
    const themeIndicator = document.querySelector('.theme-indicator');
    let currentFilter = 'all';
    const STORAGE_KEY = 'todoList_tasks';
    const THEME_KEY = 'todoList_theme';
    let tasks = [];

    // 初始化主题
    function initTheme() {
        const savedTheme = localStorage.getItem(THEME_KEY);
        const systemTheme = window.matchMedia('(prefers-color-scheme: dark)').matches;
        const isDark = savedTheme ? savedTheme === 'dark' : systemTheme;

        document.body.setAttribute('data-theme', isDark ? 'dark' : 'light');
        themeIndicator.style.backgroundColor = isDark ? '#65b0ff' : '#4a90e2';
        themeToggle.innerHTML = isDark ? '<i class="fas fa-sun"></i>' : '<i class="fas fa-moon"></i>';
    }
```

```
// 切换主题
function toggleTheme() {
    const currentTheme = document.body.getAttribute('data-theme');
    const newTheme = currentTheme === 'dark' ? 'light' : 'dark';

    document.body.setAttribute('data-theme', newTheme);
    localStorage.setItem(THEME_KEY, newTheme);
    themeIndicator.style.backgroundColor = newTheme === 'dark' ? '#65b0ff' :
'#4a90e2';
        themeToggle.innerHTML = newTheme === 'dark' ? '<i class="fas fa-
sun"></i>' : '<i class="fas fa-moon"></i>';
    }

    // 监听系统主题变化
    window.matchMedia('(prefers-color-scheme: dark)').addEventListener('change',
(e) => {
        if (localStorage.getItem(THEME_KEY)) {
            toggleTheme();
        }
    });

    // 初始化主题
    initTheme();

    // 主题切换按钮事件
    themeToggle.addEventListener('click', toggleTheme);

    // 渲染任务列表
    function renderTasks() {
        taskList.innerHTML = '';
        tasks.forEach(task => {
            const li = document.createElement('li');
            li.className = `todo-item ${task.completed ? 'completed' : ''}`;

            // 创建自定义复选框
            const checkbox = document.createElement('input');
            checkbox.type = 'checkbox';
            checkbox.className = 'task-checkbox';
            checkbox.checked = task.completed;
            checkbox.onclick = () => {
                toggleTaskStatus(task.id);
            };

            // 创建任务文本
            const taskSpan = document.createElement('span');
            taskSpan.className = 'task-text';
            taskSpan.textContent = task.text;

            // 创建删除按钮
            const deleteBtn = document.createElement('button');
            deleteBtn.className = 'delete-btn';
            deleteBtn.innerHTML = '<i class="fas fa-trash-alt"></i>';
            deleteBtn.onclick = () => {
                deleteTask(task.id);
            };
```

```javascript
            // 将元素添加到 li
            li.appendChild(checkbox);
            li.appendChild(taskSpan);
            li.appendChild(deleteBtn);

            // 将 li 添加到任务列表
            taskList.appendChild(li);
    });

    // 更新空状态
    const emptyState = document.querySelector('.empty-state');
    if (tasks.length === 0) {
        taskList.classList.add('empty');
        emptyState.style.display = 'block';
    } else {
        taskList.classList.remove('empty');
        emptyState.style.display = 'none';
    }

    updateTodoCount();
    filterTasks(currentFilter);
}

// 定义任务数据结构
function createTask(id, text, completed = false) {
    return {
        id: id,
        text: text,
        completed: completed,
        timestamp: Date.now()
    };
}

// 保存数据到 localStorage
function saveData() {
    try {
        localStorage.setItem(STORAGE_KEY, JSON.stringify(tasks));
    } catch (error) {
        console.error('保存数据失败:', error);
        alert('保存数据失败，请检查浏览器是否支持 localStorage');
    }
}

// 从 localStorage 加载数据
function loadData() {
    try {
        const data = localStorage.getItem(STORAGE_KEY);
        if (data) {
            tasks = JSON.parse(data);
            renderTasks();
        }
    } catch (error) {
        console.error('加载数据失败:', error);
        tasks = [];
    }
}
```

```javascript
// 渲染任务列表
function renderTasks() {
    taskList.innerHTML = '';
    tasks.forEach(task => {
        const li = document.createElement('li');
        li.className = `todo-item ${task.completed ? 'completed' : ''}`;

        // 创建复选框
        const checkbox = document.createElement('input');
        checkbox.type = 'checkbox';
        checkbox.className = 'task-checkbox';
        checkbox.checked = task.completed;
        checkbox.onclick = () => {
            toggleTaskStatus(task.id);
        };

        // 创建任务文本
        const taskSpan = document.createElement('span');
        taskSpan.className = 'task-text';
        taskSpan.textContent = task.text;

        // 创建删除按钮
        const deleteBtn = document.createElement('button');
        deleteBtn.className = 'delete-btn';
        deleteBtn.textContent = ' 删除 ';
        deleteBtn.onclick = () => {
            deleteTask(task.id);
        };

        // 将元素添加到 li
        li.appendChild(checkbox);
        li.appendChild(taskSpan);
        li.appendChild(deleteBtn);

        // 将 li 添加到任务列表
        taskList.appendChild(li);
    });
    updateTodoCount();
    filterTasks(currentFilter);
}

// 更新任务状态
function toggleTaskStatus(id) {
    const task = tasks.find(t => t.id === id);
    if (task) {
        task.completed = !task.completed;
        saveData();
        renderTasks();
    }
}

// 删除任务
function deleteTask(id) {
    if (confirm(' 确定要删除这个任务吗? ')) {
        tasks = tasks.filter(task => task.id !== id);
        saveData();
        renderTasks();
```

```
    }
}

// 添加任务函数
function addTask() {
    const taskText = taskInput.value.trim();

    // 输入验证
    if (taskText) {
        alert('请输入任务内容！');
        return;
    }

    // 创建新任务
    const newTask = createTask(Date.now(), taskText);
    tasks.push(newTask);
    saveData();
    renderTasks();

    // 清空输入框并重置焦点
    taskInput.value = '';
    taskInput.focus();
}

// 导出数据
function exportData() {
    const dataStr = JSON.stringify(tasks, null, 2);
    const blob = new Blob([dataStr], { type: 'application/json' });
    const url = URL.createObjectURL(blob);
    const a = document.createElement('a');
    a.href = url;
    a.download = `todo_list_${Date.now()}.json`;
    document.body.appendChild(a);
    a.click();
    document.body.removeChild(a);
    URL.revokeObjectURL(url);
}

// 导入数据
function importData() {
    const input = document.createElement('input');
    input.type = 'file';
    input.accept = '.json';
    input.onchange = (e) => {
        const file = e.target.files[0];
        if (file) {
            const reader = new FileReader();
            reader.onload = (e) => {
                try {
                    const data = JSON.parse(e.target.result);
                    tasks = data;
                    saveData();
                    renderTasks();
                    alert('数据导入成功！');
                } catch (error) {
                    console.error('导入数据失败:', error);
                    alert('导入数据失败，请确保文件格式正确');
```

```
                              }
                          };
                          reader.readAsText(file);
                      }
                  };
              input.click();
          }

          // 清除所有数据
          function clearAllData() {
              if (confirm(' 确定要清除所有数据吗？这将删除所有任务！ ')) {
                  tasks = [];
                  localStorage.removeItem(STORAGE_KEY);
                  renderTasks();
              }
          }

          // 筛选任务
          function filterTasks(filter) {
              currentFilter = filter;
              taskList.querySelectorAll('.todo-item').forEach(item => {
                  if (filter === 'all') {
                      item.style.display = 'flex';
                      } else if (filter === 'active' && !item.classList.
contains('completed')) {
                      item.style.display = 'flex';
                      } else if (filter === 'completed' && item.classList.
contains('completed')) {
                      item.style.display = 'flex';
                  } else {
                      item.style.display = 'none';
                  }
              });
          }

          // 更新待办任务计数
          function updateTodoCount() {
                  const activeTasks = taskList.querySelectorAll('.todo-item:not(.
completed)');
                  todoCount.textContent = `${activeTasks.length} 个待办任务 `;
          }

          // 标记所有任务为完成
          markAllCompleteBtn.addEventListener('click', () => {
              tasks.forEach(task => {
                  task.completed = true;
              });
              saveData();
              renderTasks();
          });

          // 清除已完成任务
          clearCompletedBtn.addEventListener('click', () => {
              if (confirm(' 确定要清除所有已完成的任务吗？ ')) {
                  tasks = tasks.filter(task => !task.completed);
                  saveData();
                  renderTasks();
```

```
        }
    });

    // 数据管理按钮事件
    exportDataBtn.addEventListener('click', exportData);
    importDataBtn.addEventListener('click', importData);
    clearAllDataBtn.addEventListener('click', clearAllData);

    // 添加任务按钮单击事件
    addTaskBtn.addEventListener('click', addTask);

    // 按 Enter 键添加任务
    taskInput.addEventListener('keypress', (e) => {
        if (e.key === 'Enter') {
            addTask();
        }
    });

    // 初始化筛选按钮
    filterButtons.forEach(button => {
        button.addEventListener('click', () => {
            filterButtons.forEach(btn => btn.classList.remove('active'));
            button.classList.add('active');
            filterTasks(button.dataset.filter);
        });
    });

    // 初始化
    loadData();
    taskInput.focus();
    updateTodoCount();
});
```

步骤4：完成以上更新后，用户可以使用右上角的月亮/太阳图标切换主题，在输入框中添加任务，支持自动保存，使用复选框标记任务完成状态，使用筛选按钮查看不同状态的任务，使用操作按钮管理任务，当任务列表为空时显示友好的提示信息。在浏览器中打开index.html文件，可以使用这个待办清单应用（见图4-11）。

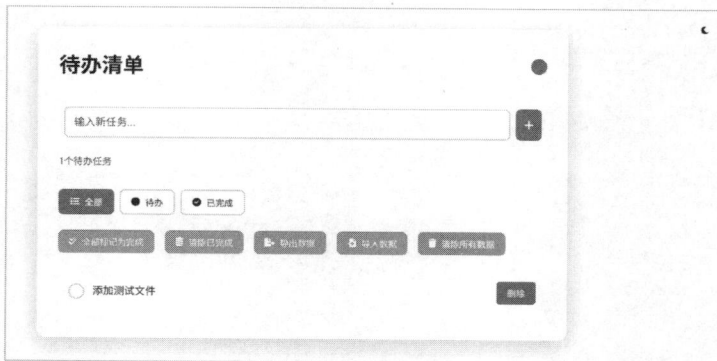

图 4-11　待办清单应用面

通过以上界面美化步骤，待办清单应用已经从一个功能性工具转变为一个视觉吸引力和用户体验俱佳的产品。精心设计的色彩方案、平滑的动画效果和响应式布局共同创造了一个现代、专业的用户界面。这些视觉元素不仅提升了该应用的美观度，还通过直观的视觉反馈增强了应用的可用性，使用户能够更高效地管理任务。结合之前实现的任务管理、状态控制和数据存储功能，这个待办清单应用现在已经是一个功能完备、界面精美的成熟产品，为用户提供了出色的任务管理体验。

4.3　用 Cursor 开发天气预报小工具

4.3.1　API对接基础

天气预报应用的核心在于获取和处理实时天气数据，这离不开与第三方天气API的对接。接下来将介绍如何使用Cursor平台和Python构建简单的天气数据API服务，作为前端应用的数据源。通过Python的简洁性和强大的超文本传输协议（HyperText Transfer Protocol，HTTP）请求处理能力，我们可以快速构建一个可靠的天气数据中转服务，简化前端开发并增强应用的安全性。

步骤1：首先创建一个新的项目文件夹，并将其命名为WeatherForecastTool。创建完毕后，打开Cursor编辑器，在Cursor编辑器的主界面中，找到并单击Open project（打开项目文件夹）按钮，通过该操作定位项目所在目录。接下来浏览到刚才创建的文件夹，并选择它（见图4-12）。

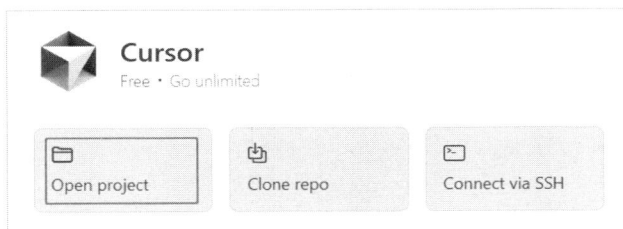

图 4-12　单击 Open project 按钮

步骤2：接下来在侧边栏的输入框中输入以下内容："创建一个简单的Python Flask应用作为天气数据中转API，需要满足如下要求：①使用Flask创建两个基本端点：/current用于获取当前天气，/forecast用于获取5天的预报；②实现与免费版OpenWeatherMap API的对接，使用环境变量存储API密钥；③/current端点接收city参数，返回城市当前温度、天气描述、湿度、风速和图标代码；④/forecast端点返回未来5天的日期、平均温度、天气描述和图标；⑤添加基本错误处理，处理无效城市和API连接问题；⑥实现简单的内存缓存，相同城市的请求在10分钟内使用缓存数据；⑦添加CORS支持，允许前端应用访问；⑧提供启动说明和环境变量配置示例。请提供完整的Python代码，包括必要的依赖说明和启动指令，确保代码简洁、注释充分"。单击"发送"按钮。

Cursor会根据要求生成对应的代码，单击"Accept flie"按钮。创建一个完整的Flask天气API应用。首先，创建项目的基本结构和必要的文件。创建requirements.txt文件来管理依赖。

```
Flask==3.0.2
requests==2.31.0
```

```
python-dotenv==1.0.1
Flask-CORS==4.0.0
```

创建主应用文件app.py，代码如下。

```python
from flask import Flask, jsonify, request
from flask_cors import CORS
import requests
import os
from datetime import datetime, timedelta
from dotenv import load_dotenv
import time

# 加载环境变量
load_dotenv()

app = Flask(__name__)
CORS(app)  # 启用 CORS 支持

# 配置
API_KEY = os.getenv('OPENWEATHER_API_KEY')
BASE_URL = "http://api.openweathermap.org/data/2.5"
CACHE_DURATION = 600  # 缓存时间（s）

# 简单的内存缓存
cache = {}

def get_cached_data(city):
    """ 获取缓存数据 """
    if city in cache:
        timestamp, data = cache[city]
        if time.time() - timestamp < CACHE_DURATION:
            return data
    return None

def set_cache(city, data):
    """ 设置缓存数据 """
    cache[city] = (time.time(), data)

@app.route('/current')
def get_current_weather():
    """ 获取当前天气数据 """
    city = request.args.get('city')
    if not city:
        return jsonify({'error': 'City parameter is required'}), 400

    # 检查缓存
    cached_data = get_cached_data(f"current_{city}")
    if cached_data:
        return jsonify(cached_data)

    try:
        # 调用 OpenWeatherMap API
        response = requests.get(
            f"{BASE_URL}/weather",
            params={
                'q': city,
```

```python
                'appid': API_KEY,
                'units': 'metric',
                'lang': 'zh_cn'
            }
        )
        response.raise_for_status()
        data = response.json()

        # 处理响应数据
        weather_data = {
            'city': data['name'],
            'temperature': round(data['main']['temp']),
            'description': data['weather'][0]['description'],
            'humidity': data['main']['humidity'],
            'wind_speed': data['wind']['speed'],
            'icon': data['weather'][0]['icon']
        }

        # 设置缓存
        set_cache(f"current_{city}", weather_data)
        return jsonify(weather_data)

    except requests.exceptions.RequestException as e:
        return jsonify({'error': 'Failed to fetch weather data'}), 500
    except KeyError:
        return jsonify({'error': 'Invalid city name'}), 404

@app.route('/forecast')
def get_forecast():
    """ 获取 5 天的天气预报 """
    city = request.args.get('city')
    if not city:
        return jsonify({'error': 'City parameter is required'}), 400

    # 检查缓存
    cached_data = get_cached_data(f"forecast_{city}")
    if cached_data:
        return jsonify(cached_data)

    try:
        # 调用 OpenWeatherMap API
        response = requests.get(
            f"{BASE_URL}/forecast",
            params={
                'q': city,
                'appid': API_KEY,
                'units': 'metric',
                'lang': 'zh_cn'
            }
        )
        response.raise_for_status()
        data = response.json()

        # 处理响应数据
        forecast_data = []
        current_date = None
        daily_temps = []
```

```python
        daily_descriptions = set()
        daily_icons = set()

        for item in data['list']:
            date = datetime.fromtimestamp(item['dt']).date()

            if current_date and date != current_date:
                # 保存前一天的数据
                forecast_data.append({
                    'date': current_date.strftime('%Y-%m-%d'),
                    'temperature': round(sum(daily_temps) / len(daily_temps)),
                    'description': list(daily_descriptions)[0],
                    'icon': list(daily_icons)[0]
                })
                daily_temps = []
                daily_descriptions = set()
                daily_icons = set()
                current_date = date

            if not current_date:
                current_date = date

            daily_temps.append(item['main']['temp'])
            daily_descriptions.add(item['weather'][0]['description'])
            daily_icons.add(item['weather'][0]['icon'])

        # 添加最后一天的数据
        if daily_temps:
            forecast_data.append({
                'date': current_date.strftime('%Y-%m-%d'),
                'temperature': round(sum(daily_temps) / len(daily_temps)),
                'description': list(daily_descriptions)[0],
                'icon': list(daily_icons)[0]
            })

        # 只返回 5 天的数据
        forecast_data = forecast_data[:5]

        # 设置缓存
        set_cache(f"forecast_{city}", forecast_data)
        return jsonify(forecast_data)

    except requests.exceptions.RequestException as e:
        return jsonify({'error': 'Failed to fetch forecast data'}), 500
    except KeyError:
        return jsonify({'error': 'Invalid city name'}), 404

if __name__ == '__main__':
    if not API_KEY:
        print("Warning: OPENWEATHER_API_KEY not set in environment variables")
    app.run(debug=True)
```

现在已经创建了一个完整的Flask天气API应用。这个应用包含所有要求的功能：①两个基本端点：/current 和 /forecast；②使用环境变量存储OpenWeatherMap API密钥；③当前天气端点返回完整的天气信息；④预报端点返回5天的天气数据；⑤包含错误处理机制；⑥实现了10分钟的内存缓存；⑦添加了CORS支持；⑧提供了完整的文档和配置说明。

要运行这个应用，需要安装依赖，命令如下。

```
pip install -r requirements.txt
```

步骤3：访问OpenWeather的官方网站，注册并登录账号（见图4-13）。接着单击右上角的用户名，选择"API密钥"选项，可以看到系统已经默认生成了一个API密钥（见图4-14），验证邮箱后就可以使用OpenWeatherMap密钥了。

图 4-13　OpenWeather 官方网站

图 4-14　获取 API 密钥

创建.env文件并添加API密钥。

```
OPENWEATHER_API_KEY=your_api_key_here
FLASK_ENV=development
FLASK_APP=app.py
```

运行应用，命令如下。

```
python app.py
```

Flask天气应用将在 http://localhost:5000 运行，用户可以通过以下方式测试API。

- 获取当前天气：http://localhost:5000/current?city=beijing。
- 获取天气预报：http://localhost:5000/forecast?city=beijing。

通过学习以上内容，我们已成功构建了一个简洁的Python天气API服务，能够从OpenWeatherMap获取当前天气和未来5天的预报数据。这个轻量级的API中转层不仅保护了API密钥，还通过数据过滤和简单缓存提高了应用性能。尽管功能简化了，但已包含了构建天气应用的核心数据需求。这种前后端分离的架构使前端开发人员更加专注于用户界面，而不必处理API认证和数据处理的复杂性。接下来将讲解基于这个API服务，如何实现基础的天气数据可视化展示。

4.3.2 天气数据展示

获取天气数据后，需要以清晰、直观的方式呈现给用户。接下来将介绍如何使用Cursor平台创建一个简洁的天气数据展示界面，展示从Python API获取的当前天气信息。使用基础的HTML、CSS和JavaScript实现，创建一个轻量级但信息丰富的天气卡片，展示城市名称、当前温度、天气状况和基本气象参数。

步骤1：在侧边栏的输入框中输入以下内容："设计一个简单的天气数据展示界面，需要满足如下要求：①创建一个天气卡片组件，展示从Python API获取的当前天气数据；②卡片应包含城市名称、当前温度、天气描述、对应天气图标、湿度和风速；③使用OpenWeatherMap提供的免费天气图标（通过图标代码）；④实现简单的响应式设计，确保在手机和桌面设备上都能良好地显示；⑤添加简单的加载状态指示器；⑥使用Fetch API从Python后端获取数据（端点为/current?city=城市名）；⑦使用简洁的CSS样式，添加基本阴影和圆角效果；⑧包含温度单位显示（℃）；⑨显示最后更新时间。请提供精简而高效的HTML、CSS和JavaScript代码，确保代码的可读性和可维护性，并与之前的数据展示模块无缝集成"。单击"发送"按钮。

Cursor会根据要求生成对应的代码，单击"Accept flie"按钮。首先，创建 index.html文件：页面顶部是搜索框区域，允许用户输入城市名称（支持中文）并单击查询按钮；主体部分是一个天气卡片，包含加载动画和天气内容区；天气内容区布局合理，显示城市名称、温度数值、天气图标、天气描述、详细信息（湿度和风速等），以及最后更新时间。

```
<!DOCTYPE html>
<html lang="zh">
<head>
    <meta charset="UTF-8">
    <meta name="viewport" content="width=device-width, initial-scale=1.0">
    <title>天气信息</title>
    <link rel="stylesheet" href="styles.css">
</head>
<body>
    <div class="container">
        <div class="search-box">
            <input type="text" id="cityInput" placeholder="输入城市名称（支持中
文）...">
```

```
            <button onclick="getWeather()">查询</button>
        </div>

        <div class="weather-card" id="weatherCard">
            <div class="loading" id="loading">
                <div class="spinner"></div>
            </div>

            <div class="weather-content" id="weatherContent">
                <div class="city-name" id="cityName">--</div>
                <div class="weather-main">
                    <div class="temperature">
                        <span id="temperature">--</span>
                        <span class="unit">° C</span>
                    </div>
                    <div class="weather-icon">
                        <img id="weatherIcon" src="" alt=" 天气图标 ">
                    </div>
                </div>
                <div class="weather-description" id="weatherDescription">--</div>
                <div class="weather-details">
                    <div class="detail">
                        <span class="label"> 湿度 </span>
                        <span id="humidity">--%</span>
                    </div>
                    <div class="detail">
                        <span class="label"> 风速 </span>
                        <span id="windSpeed">-- m/s</span>
                    </div>
                </div>
                <div class="update-time" id="updateTime"> 最后更新：--</div>
            </div>
        </div>
    </div>
    <script src="city_mapping.js"></script>
    <script src="script.js"></script>
</body>
</html>
```

步骤2：创建styles.css文件。设计采用卡片式布局，白色卡片搭配浅灰色背景和阴影；搜索框简洁，输入有焦点反馈，按钮呈蓝色以增强可见性；天气信息区布局合理，温度用大字号突出，颜色层次分明；加载时，半透明遮罩和旋转动画提供反馈。设计响应式功能，自动调整间距和字体大小，以适应各种设备；代码结构清晰，运用flexbox、grid布局和过渡动画，兼顾美观与实用。

```
* {
    margin: 0;
    padding: 0;
    box-sizing: border-box;
}

body {
    font-family: -apple-system, BlinkMacSystemFont, "Segoe UI", Roboto,
"Helvetica Neue", Arial, sans-serif;
    background: #f0f2f5;
```

```css
    min-height: 100vh;
    display: flex;
    justify-content: center;
    align-items: center;
    padding: 20px;
}

.container {
    width: 100%;
    max-width: 400px;
}

.search-box {
    display: flex;
    gap: 10px;
    margin-bottom: 20px;
}

.search-box input {
    flex: 1;
    padding: 10px 15px;
    border: 1px solid #ddd;
    border-radius: 8px;
    font-size: 16px;
    outline: none;
    transition: border-color 0.3s;
}

.search-box input:focus {
    border-color: #4a90e2;
}

.search-box button {
    padding: 10px 20px;
    background: #4a90e2;
    color: white;
    border: none;
    border-radius: 8px;
    cursor: pointer;
    font-size: 16px;
    transition: background 0.3s;
}

.search-box button:hover {
    background: #357abd;
}

.weather-card {
    background: white;
    border-radius: 16px;
    padding: 24px;
    box-shadow: 0 4px 6px rgba(0, 0, 0, 0.1);
    position: relative;
    min-height: 300px;
}

.loading {
    position: absolute;
    top: 0;
```

```css
        left: 0;
        right: 0;
        bottom: 0;
        background: rgba(255, 255, 255, 0.9);
        display: none;
        justify-content: center;
        align-items: center;
        border-radius: 16px;
    }

    .loading.active {
        display: flex;
    }

    .spinner {
        width: 40px;
        height: 40px;
        border: 4px solid #f3f3f3;
        border-top: 4px solid #4a90e2;
        border-radius: 50%;
        animation: spin 1s linear infinite;
    }

    @keyframes spin {
        0% { transform: rotate(0deg); }
        100% { transform: rotate(360deg); }
    }

    .weather-content {
        opacity: 0;
        transition: opacity 0.3s;
    }

    .weather-content.active {
        opacity: 1;
    }

    .city-name {
        font-size: 24px;
        font-weight: bold;
        margin-bottom: 16px;
        color: #333;
    }

    .weather-main {
        display: flex;
        justify-content: space-between;
        align-items: center;
        margin-bottom: 16px;
    }

    .temperature {
        font-size: 48px;
        font-weight: bold;
        color: #333;
    }

    .unit {
        font-size: 24px;
```

```css
    color: #666;
}

.weather-icon img {
    width: 80px;
    height: 80px;
}

.weather-description {
    font-size: 18px;
    color: #666;
    margin-bottom: 20px;
    text-transform: capitalize;
}

.weather-details {
    display: grid;
    grid-template-columns: 1fr 1fr;
    gap: 16px;
    margin-bottom: 16px;
}

.detail {
    display: flex;
    flex-direction: column;
    gap: 4px;
}

.label {
    font-size: 14px;
    color: #666;
}

.detail span:last-child {
    font-size: 16px;
    color: #333;
    font-weight: 500;
}

.update-time {
    font-size: 12px;
    color: #999;
    text-align: right;
}

@media (max-width: 480px) {
    .container {
        padding: 10px;
    }

    .weather-card {
        padding: 16px;
    }

    .temperature {
        font-size: 36px;
    }

    .unit {
```

```
            font-size: 20px;
        }

        .weather-icon img {
            width: 60px;
            height: 60px;
        }
    }
```

步骤3：创建 script.js文件。实现了天气查询功能，支持中英文城市名输入和按"Enter"
键搜索；发送请求到本地后端API并展示天气数据，包含加载动画、错误处理、数据展示和自
动加载默认城市等功能，结构清晰且注重用户体验；采用现代JavaScript特性处理异步操作，
是一个功能完整的天气查询前端实现。

```javascript
// 获取 DOM 元素
const cityInput = document.getElementById('cityInput');
const weatherCard = document.getElementById('weatherCard');
const loading = document.getElementById('loading');
const weatherContent = document.getElementById('weatherContent');
const cityName = document.getElementById('cityName');
const temperature = document.getElementById('temperature');
const weatherIcon = document.getElementById('weatherIcon');
const weatherDescription = document.getElementById('weatherDescription');
const humidity = document.getElementById('humidity');
const windSpeed = document.getElementById('windSpeed');
const updateTime = document.getElementById('updateTime');

// 添加按 Enter 键搜索支持
cityInput.addEventListener('keypress', (e) => {
    if (e.key === 'Enter') {
        getWeather();
    }
});

// 转换城市名称
function convertCityName(city) {
    // 如果输入的是英文，直接返回
    if (/[\u4e00-\u9fa5]/.test(city)) {
        return city;
    }
    // 查找中文城市名对应的英文名
    return cityMapping[city] || city;
}

// 获取天气数据
async function getWeather() {
    const inputCity = cityInput.value.trim();
    if (inputCity) {
        alert('请输入城市名称');
        return;
    }

    // 转换城市名称
    const city = convertCityName(inputCity);

    // 显示加载状态
```

125

```
        loading.classList.add('active');
        weatherContent.classList.remove('active');

        try {
            const response = await fetch(`http://localhost:5000/current?city=${en
codeURIComponent(city)}`);
            const data = await response.json();

            if (response.ok) {
                throw new Error(data.error || '获取天气数据失败');
            }

            // 如果输入的是中文，则显示中文城市名
            if (/[\u4e00-\u9fa5]/.test(inputCity)) {
                data.city = inputCity;
            }

            updateWeatherDisplay(data);
        } catch (error) {
            console.error('Error:', error);
            if (error.message.includes('Failed to fetch')) {
                alert('无法连接到服务器，请确保后端服务正在运行');
            } else {
                alert(error.message);
            }
        } finally {
            // 隐藏加载状态
            loading.classList.remove('active');
            weatherContent.classList.add('active');
        }
    }

    // 更新天气显示
    function updateWeatherDisplay(data) {
        cityName.textContent = data.city;
        temperature.textContent = Math.round(data.temperature);
        weatherDescription.textContent = data.description;
        humidity.textContent = `${data.humidity}%`;
        windSpeed.textContent = `${data.wind_speed} m/s`;

        // 更新天气图标
        weatherIcon.src = `http://openweathermap.org/img/wn/${data.icon}@2x.png`;

        // 更新最后更新时间
        const now = new Date();
        updateTime.textContent = `最后更新: ${now.toLocaleTimeString()}`;
    }

    // 页面加载时自动获取默认城市天气
    window.addEventListener('load', () => {
        cityInput.value = '北京';
        getWeather();
    });
```

步骤4：创建城市名称映射文件。城市映射表包含中国主要城市，如果需要添加更多城市，可以继续添加。

```
const cityMapping = {
    // 直辖市
    '北京': 'Beijing',
    '上海': 'Shanghai',
    '天津': 'Tianjin',
    '重庆': 'Chongqing',

    // 省会城市
    '广州': 'Guangzhou',
    '深圳': 'Shenzhen',
    '杭州': 'Hangzhou',
    '南京': 'Nanjing',
    '武汉': 'Wuhan',
    '成都': 'Chengdu',
    '西安': 'Xian',
    '济南': 'Jinan',
    '郑州': 'Zhengzhou',
    '长沙': 'Changsha',
    '福州': 'Fuzhou',
    '厦门': 'Xiamen',
    '青岛': 'Qingdao',
    '大连': 'Dalian',
    '哈尔滨': 'Harbin',
    '长春': 'Changchun',
    '沈阳': 'Shenyang',
    '石家庄': 'Shijiazhuang',
    '太原': 'Taiyuan',
    '呼和浩特': 'Hohhot',
    '合肥': 'Hefei',
    '南昌': 'Nanchang',
    '南宁': 'Nanning',
    '海口': 'Haikou',
    '贵阳': 'Guiyang',
    '昆明': 'Kunming',
    '拉萨': 'Lhasa',
    '兰州': 'Lanzhou',
    '西宁': 'Xining',
    '银川': 'Yinchuan',
    '乌鲁木齐': 'Urumqi',

    // 其他主要城市
    '苏州': 'Suzhou',
    '无锡': 'Wuxi',
    '宁波': 'Ningbo',
    '温州': 'Wenzhou',
    '珠海': 'Zhuhai',
    '中山': 'Zhongshan',
    '东莞': 'Dongguan',
    '佛山': 'Foshan',
    '惠州': 'Huizhou',
    '泉州': 'Quanzhou',
    '烟台': 'Yantai',
    '威海': 'Weihai',
    '扬州': 'Yangzhou',
    '镇江': 'Zhenjiang',
    '南通': 'Nantong',
    '常州': 'Changzhou',
```

```
        '嘉兴': 'Jiaxing',
        '绍兴': 'Shaoxing',
        '金华': 'Jinhua',
        '台州': 'Taizhou',
        '湖州': 'Huzhou',
        '舟山': 'Zhoushan',
        '丽水': 'Lishui',
        '衢州': 'Quzhou',
        '温州': 'Wenzhou',
        '金华': 'Jinhua',
        '台州': 'Taizhou',
        '湖州': 'Huzhou',
        '舟山': 'Zhoushan',
        '丽水': 'Lishui',
        '衢州': 'Quzhou'
    };
```

步骤5：确保Python后端服务已启动，在浏览器中打开index.html文件，在输入框中输入城市名称（支持中文），单击"查询"按钮或按"Enter"键获取天气信息（见图4-15）。

图4-15 天气信息展示界面

通过学习以上内容，我们创建了一个简洁而实用的天气数据展示界面。这个天气卡片虽然设计简单，但展示了当前天气的核心信息，包括温度、天气状况、湿度和风速，满足了用户的基本查询需求。该应用使用OpenWeatherMap的天气图标增强了视觉表达，并通过响应式设计确保在各种设备上的良好显示效果。这种专注于核心功能的设计理念避免了不必要的复杂性，使得应用加载迅速、使用直观。接下来将介绍如何实现城市切换功能，让用户能够查询不同城市的天气情况。

4.3.3 城市切换功能

一个实用的天气预报应用需要支持多城市查询，让用户能够方便地切换并查看不同地区的天气。接下来将介绍如何使用Cursor平台实现简单而实用的城市切换功能，包括城市搜索和历史记录管理，增强天气应用的实用性；使用本地存储用户的搜索历史，并通过简洁的界面设计提供流畅的城市切换体验。

步骤1：在侧边栏的输入框中输入以下内容："实现一个简单的城市切换功能，需要满足如下要求：①创建一个搜索表单，包含文本输入框和搜索按钮；②实现城市搜索功能，提交后从Python API获取并显示该城市的天气数据；③使用localStorage存储用户最近搜索的5个城市；④显示搜索历史列表，单击历史城市名称可以快速切换；⑤添加简单的错误处理，当城市名无效时显示友好的错误提示；⑥在切换城市过程中显示加载状态；⑦确保移动设备上的良好体验，优化输入框和按钮大小；⑧添加一个"清除历史"按钮，使用简单的CSS过渡效果，使城市切换更加平滑。请提供精简而高效的HTML、CSS和JavaScript代码，确保代码的可读性和可维护性，并与之前的数据展示模块无缝集成"。单击"发送"按钮。

Cursor会根据要求生成对应的代码，单击"Accept flie"按钮。首先，修改index.html文件，添加搜索历史功能，单击历史记录可以快速切换城市，同时提供清除历史记录功能。

```html
<!DOCTYPE html>
<html lang="zh">
<head>
    <meta charset="UTF-8">
    <meta name="viewport" content="width=device-width, initial-scale=1.0">
    <title>天气信息</title>
    <link rel="stylesheet" href="styles.css">
</head>
<body>
    <div class="container">
        <div class="search-box">
            <input type="text" id="cityInput" placeholder="输入城市名称（支持中文）...">
            <button onclick="getWeather()">查询</button>
        </div>

        <div class="search-history">
            <div class="history-header">
                <h3>搜索历史</h3>
                <button class="clear-history" onclick="clearHistory()">清除历史</button>
            </div>
            <ul id="historyList" class="history-list"></ul>
        </div>

        <div class="weather-card" id="weatherCard">
            <div class="loading" id="loading">
                <div class="spinner"></div>
            </div>

            <div class="weather-content" id="weatherContent">
                <div class="city-name" id="cityName">--</div>
                <div class="weather-main">
                    <div class="temperature">
                        <span id="temperature">--</span>
                        <span class="unit">° C</span>
                    </div>
                    <div class="weather-icon">
```

```
                        <img id="weatherIcon" src="" alt="天气图标">
                    </div>
                </div>
                <div class="weather-description" id="weatherDescription">--</div>
                <div class="weather-details">
                    <div class="detail">
                        <span class="label">湿度</span>
                        <span id="humidity">--%</span>
                    </div>
                    <div class="detail">
                        <span class="label">风速</span>
                        <span id="windSpeed">-- m/s</span>
                    </div>
                </div>
                <div class="update-time" id="updateTime">最后更新：--</div>
            </div>
        </div>
    </div>
    <script src="city_mapping.js"></script>
    <script src="script.js"></script>
</body>
</html>
```

步骤2：更新styles.css文件，添加搜索历史相关样式及平滑的过渡效果，优化搜索框和按钮的布局，采用响应式设计，适配移动设备。

```
* {
    margin: 0;
    padding: 0;
    box-sizing: border-box;
}

body {
    font-family: -apple-system, BlinkMacSystemFont, "Segoe UI", Roboto,
"Helvetica Neue", Arial, sans-serif;
    background: #f0f2f5;
    min-height: 100vh;
    display: flex;
    justify-content: center;
    align-items: center;
    padding: 20px;
}

.container {
    width: 100%;
    max-width: 400px;
}

.search-box {
    display: flex;
    gap: 10px;
    margin-bottom: 20px;
    position: relative;
}

.search-box input {
```

```
    flex: 1;
    padding: 10px 15px;
    border: 1px solid #ddd;
    border-radius: 8px;
    font-size: 16px;
    outline: none;
    transition: border-color 0.3s;
    padding-right: 80px;
}

.search-box input:focus {
    border-color: #4a90e2;
}

.search-box button {
    position: absolute;
    right: 0;
    top: 0;
    height: 100%;
    border-radius: 0 8px 8px 0;
    padding: 0 20px;
    background: #4a90e2;
    color: white;
    border: none;
    cursor: pointer;
    font-size: 16px;
    transition: background 0.3s;
    display: flex;
    align-items: center;
    justify-content: center;
}

.search-box button:hover {
    background: #357abd;
}

.weather-card {
    background: white;
    border-radius: 16px;
    padding: 24px;
    box-shadow: 0 4px 6px rgba(0, 0, 0, 0.1);
    position: relative;
    min-height: 300px;
}

.loading {
    position: absolute;
    top: 0;
    left: 0;
    right: 0;
    bottom: 0;
    background: rgba(255, 255, 255, 0.9);
    display: none;
    justify-content: center;
    align-items: center;
    border-radius: 16px;
}
```

```css
.loading.active {
    display: flex;
}

.spinner {
    width: 40px;
    height: 40px;
    border: 4px solid #f3f3f3;
    border-top: 4px solid #4a90e2;
    border-radius: 50%;
    animation: spin 1s linear infinite;
}

@keyframes spin {
    0% { transform: rotate(0deg); }
    100% { transform: rotate(360deg); }
}

.weather-content {
    opacity: 0;
    transition: opacity 0.3s ease-in-out;
}

.weather-content.active {
    opacity: 1;
}

.weather-content.fade-out {
    opacity: 0;
}

.weather-content.fade-in {
    opacity: 1;
}

.city-name {
    font-size: 24px;
    font-weight: bold;
    margin-bottom: 16px;
    color: #333;
}

.weather-main {
    display: flex;
    justify-content: space-between;
    align-items: center;
    margin-bottom: 16px;
}

.temperature {
    font-size: 48px;
    font-weight: bold;
    color: #333;
}

.unit {
```

```css
        font-size: 24px;
        color: #666;
    }

    .weather-icon img {
        width: 80px;
        height: 80px;
    }

    .weather-description {
        font-size: 18px;
        color: #666;
        margin-bottom: 20px;
        text-transform: capitalize;
    }

    .weather-details {
        display: grid;
        grid-template-columns: 1fr 1fr;
        gap: 16px;
        margin-bottom: 16px;
    }

    .detail {
        display: flex;
        flex-direction: column;
        gap: 4px;
    }

    .label {
        font-size: 14px;
        color: #666;
    }

    .detail span:last-child {
        font-size: 16px;
        color: #333;
        font-weight: 500;
    }

    .update-time {
        font-size: 12px;
        color: #999;
        text-align: right;
    }

    /* 搜索历史样式 */
    .search-history {
        background: white;
        border-radius: 12px;
        padding: 16px;
        margin-bottom: 20px;
        box-shadow: 0 2px 4px rgba(0, 0, 0, 0.1);
    }

    .history-header {
        display: flex;
```

```
        justify-content: space-between;
        align-items: center;
        margin-bottom: 12px;
    }

    .history-header h3 {
        margin: 0;
        font-size: 16px;
        color: #333;
    }

    .clear-history {
        background: none;
        border: none;
        color: #666;
        cursor: pointer;
        font-size: 14px;
        padding: 4px 8px;
        border-radius: 4px;
        transition: all 0.3s;
    }

    .clear-history:hover {
        background: #f0f0f0;
        color: #333;
    }

    .history-list {
        list-style: none;
        padding: 0;
        margin: 0;
        display: flex;
        flex-wrap: wrap;
        gap: 8px;
    }

    .history-item {
        background: #f5f5f5;
        padding: 6px 12px;
        border-radius: 16px;
        font-size: 14px;
        color: #333;
        cursor: pointer;
        transition: all 0.3s;
        border: 1px solid #eee;
    }

    .history-item:hover {
        background: #e8e8e8;
        transform: translateY(-1px);
    }

    .history-item.active {
        background: #4a90e2;
        color: white;
        border-color: #4a90e2;
    }
```

```
/* 响应式调整 */
@media (max-width: 480px) {
    .container {
        padding: 10px;
    }

    .weather-card {
        padding: 16px;
    }

    .temperature {
        font-size: 36px;
    }

    .unit {
        font-size: 20px;
    }

    .weather-icon img {
        width: 60px;
        height: 60px;
    }

    .search-history {
        padding: 12px;
    }

    .history-header h3 {
        font-size: 14px;
    }

    .clear-history {
        font-size: 12px;
        padding: 3px 6px;
    }

    .history-item {
        font-size: 12px;
        padding: 4px 10px;
    }

    .search-box input {
        font-size: 14px;
        padding: 8px 12px;
        padding-right: 70px;
    }

    .search-box button {
        padding: 0 16px;
        font-size: 14px;
    }
}
```

　　步骤3：更新script.js文件，添加搜索历史功能，使用 localStorage 存储最近搜索的5个城市，并添加去重处理功能，限制历史记录数量。

```javascript
// 获取 DOM 元素
const cityInput = document.getElementById('cityInput');
const weatherCard = document.getElementById('weatherCard');
const loading = document.getElementById('loading');
const weatherContent = document.getElementById('weatherContent');
const cityName = document.getElementById('cityName');
const temperature = document.getElementById('temperature');
const weatherIcon = document.getElementById('weatherIcon');
const weatherDescription = document.getElementById('weatherDescription');
const humidity = document.getElementById('humidity');
const windSpeed = document.getElementById('windSpeed');
const updateTime = document.getElementById('updateTime');
const historyList = document.getElementById('historyList');

// 搜索历史相关函数
function getSearchHistory() {
    const history = localStorage.getItem('weatherSearchHistory');
    return history ? JSON.parse(history) : [];
}

function saveSearchHistory(city) {
    let history = getSearchHistory();
    // 移除已存在的相同城市
    history = history.filter(item => item !== city);
    // 添加到开头
    history.unshift(city);
    // 只保留最近 5 个
    history = history.slice(0, 5);
    localStorage.setItem('weatherSearchHistory', JSON.stringify(history));
    updateHistoryList();
}

function clearHistory() {
    localStorage.removeItem('weatherSearchHistory');
    updateHistoryList();
}

function updateHistoryList() {
    const history = getSearchHistory();
    historyList.innerHTML = '';

    history.forEach(city => {
        const li = document.createElement('li');
        li.className = 'history-item';
        li.textContent = city;
        li.onclick = () => {
            cityInput.value = city;
            getWeather();
        };
        historyList.appendChild(li);
    });
}

// 添加按 Enter 键搜索支持
cityInput.addEventListener('keypress', (e) => {
    if (e.key === 'Enter') {
        getWeather();
```

```
    }
});

// 转换城市名称
function convertCityName(city) {
    // 如果输入的是英文，直接返回
    if (/[\u4e00-\u9fa5]/.test(city)) {
        return city;
    }
    // 查找中文城市名对应的英文名
    return cityMapping[city] || city;
}

// 获取天气数据
async function getWeather() {
    const inputCity = cityInput.value.trim();
    if (inputCity) {
        alert('请输入城市名称');
        return;
    }

    // 转换城市名称
    const city = convertCityName(inputCity);

    // 显示加载状态
    loading.classList.add('active');
    weatherContent.classList.add('fade-out');
    weatherContent.classList.remove('fade-in');

    try {
        const response = await fetch(`http://localhost:5000/current?city=${en
codeURIComponent(city)}`);
        const data = await response.json();

        if (response.ok) {
            throw new Error(data.error || '获取天气数据失败');
        }

        // 如果输入的是中文，显示中文城市名
        if (/[\u4e00-\u9fa5]/.test(inputCity)) {
            data.city = inputCity;
        }

        // 保存到搜索历史
        saveSearchHistory(inputCity);

        // 更新显示
        updateWeatherDisplay(data);

        // 添加过渡效果
        setTimeout(() => {
            weatherContent.classList.remove('fade-out');
            weatherContent.classList.add('fade-in');
        }, 100);
    } catch (error) {
        console.error('Error:', error);
        if (error.message.includes('Failed to fetch')) {
```

```
                    alert(' 无法连接到服务器，请确保后端服务正在运行 ');
                } else {
                    alert(error.message);
                }
        } finally {
            // 隐藏加载状态
            loading.classList.remove('active');
        }
}

// 更新天气显示
function updateWeatherDisplay(data) {
    cityName.textContent = data.city;
    temperature.textContent = Math.round(data.temperature);
    weatherDescription.textContent = data.description;
    humidity.textContent = `${data.humidity}%`;
    windSpeed.textContent = `${data.wind_speed} m/s`;

    // 更新天气图标
    weatherIcon.src = `http://openweathermap.org/img/wn/${data.icon}@2x.png`;

    // 显示最后更新时间
    const now = new Date();
    updateTime.textContent = ` 最后更新 : ${now.toLocaleTimeString()}`;
}

// 页面加载时初始化
window.addEventListener('load', () => {
    // 初始化搜索历史
    updateHistoryList();

    // 设置默认城市
    cityInput.value = ' 北京 ';
    getWeather();
});
```

图 4-16　天气信息展示界面

步骤4：在搜索框中输入城市名称（支持中文），单击搜索按钮或按"Enter"键，可以查看天气信息（见图4-16）。单击历史记录中的城市名称可以快速切换城市，单击"清除历史"按钮可以清空搜索历史。搜索历史被保存在浏览器的localStorage中，最多保存最近搜索的5个城市，重复搜索同一城市会更新其位置到最新，清除历史记录后需要重新搜索才会显示新的历史记录。

通过以上操作，天气预报应用现在具备了简单而实用的城市切换功能。用户可以搜索任意城市的天气，并通过历史记录快速切换到之前查询过的城市。这个功能虽然设计简单，但满足了日常使用的核心需求，大大提升了应用的实用性。通过localStorage保存搜索历史，实现了基本的数据持久化，增强了用户体验。接下来将介绍如何添加未来5天天气预报图表，以进一步丰富应用的信息。

4.3.4 天气预报图表

图表可视化能够直观地展示天气变化趋势，帮助用户更好地规划活动。接下来将介绍如何使用Cursor平台结合Chart.js库，为天气应用添加一个简单的未来5天天气预报图表。我们将利用OpenWeatherMap免费API提供的未来5天预报数据，创建一个温度变化折线图，直观地展示未来天气趋势，进一步提升应用的实用价值。

步骤1：在侧边栏的输入框中输入以下内容："为天气应用添加一个简单的未来5天预报图表，需要满足如下要求：①使用Chart.js创建一个折线图，显示未来5天的温度变化；②从Python API的/forecast端点获取数据（返回未来5天的日期、温度和天气描述）；③X轴显示日期（周一、周二等格式），Y轴显示温度；④在图表下方添加每天的天气图标和简短描述；⑤实现响应式设计，确保图表在不同设备上正确显示；⑥添加简单的加载状态；⑦当用户切换城市时自动更新图表；⑧使用与该应用整体设计风格一致的颜色；⑨添加简单的图表标题，显示"未来5天预报"和当前城市名；⑩为图表添加工具提示，鼠标指针悬停时显示具体温度值。请提供精简而高效的HTML、CSS和JavaScript代码，确保代码结构清晰，注释充分，并与之前的城市切换和数据展示模块无缝集成"。单击"发送"按钮。

Cursor会根据要求生成对应的代码，单击"Accept flie"按钮。要添加未来5天预报图表功能，首先在index.html文件中添加Chart.js库和图表容器，使用Chart.js创建平滑的折线图，X轴显示简短的星期几，Y轴显示温度值，图表下方显示每天的天气图标和描述。

```
<!DOCTYPE html>
<html lang="zh">
<head>
    <meta charset="UTF-8">
    <meta name="viewport" content="width=device-width, initial-scale=1.0">
    <title>天气信息</title>
    <link rel="stylesheet" href="styles.css">
    <script src="https://cdn.jsdelivr.net/npm/chart.js"></script>
</head>
<body>
    <div class="container">
        <div class="search-box">
            <input type="text" id="cityInput" placeholder="输入城市名称（支持中文）...">
            <button onclick="getWeather()">查询</button>
        </div>

        <div class="search-history">
            <div class="history-header">
                <h3>搜索历史</h3>
                <button class="clear-history" onclick="clearHistory()">清除历史</button>
            </div>
            <ul id="historyList" class="history-list"></ul>
        </div>

        <div class="weather-card" id="weatherCard">
            <div class="loading" id="loading">
                <div class="spinner"></div>
            </div>
```

```html
                <div class="weather-content" id="weatherContent">
                    <div class="city-name" id="cityName">--</div>
                    <div class="weather-main">
                        <div class="temperature">
                            <span id="temperature">--</span>
                            <span class="unit">°C</span>
                        </div>
                        <div class="weather-icon">
                            <img id="weatherIcon" src="" alt="天气图标">
                        </div>
                    </div>
                    <div class="weather-description" id="weatherDescription">--</div>
                    <div class="weather-details">
                        <div class="detail">
                            <span class="label">湿度</span>
                            <span id="humidity">--%</span>
                        </div>
                        <div class="detail">
                            <span class="label">风速</span>
                            <span id="windSpeed">-- m/s</span>
                        </div>
                    </div>
                    <div class="update-time" id="updateTime">最后更新：--</div>
                </div>
            </div>

            <!-- 天气预报图表 -->
            <div class="forecast-card">
                <div class="forecast-header">
                    <h3 id="forecastTitle">未来5天预报</h3>
                    <div class="loading" id="forecastLoading">
                        <div class="spinner"></div>
                    </div>
                </div>
                <div class="chart-container">
                    <canvas id="forecastChart"></canvas>
                </div>
                <div class="forecast-details" id="forecastDetails"></div>
            </div>
        </div>
        <script src="city_mapping.js"></script>
        <script src="script.js"></script>
    </body>
</html>
```

步骤2：添加与图表相关的CSS样式代码，鼠标指针悬停时显示详细的温度信息。

```css
* {
    margin: 0;
    padding: 0;
    box-sizing: border-box;
}

body {
    font-family: -apple-system, BlinkMacSystemFont, "Segoe UI", Roboto,
"Helvetica Neue", Arial, sans-serif;
    background: #f0f2f5;
```

```
    min-height: 100vh;
    display: flex;
    justify-content: center;
    align-items: center;
    padding: 20px;
}

.container {
    width: 100%;
    max-width: 400px;
}

.search-box {
    display: flex;
    gap: 10px;
    margin-bottom: 20px;
    position: relative;
}

.search-box input {
    flex: 1;
    padding: 10px 15px;
    border: 1px solid #ddd;
    border-radius: 8px;
    font-size: 16px;
    outline: none;
    transition: border-color 0.3s;
    padding-right: 80px;
}

.search-box input:focus {
    border-color: #4a90e2;
}

.search-box button {
    position: absolute;
    right: 0;
    top: 0;
    height: 100%;
    border-radius: 0 8px 8px 0;
    padding: 0 20px;
    background: #4a90e2;
    color: white;
    border: none;
    cursor: pointer;
    font-size: 16px;
    transition: background 0.3s;
    display: flex;
    align-items: center;
    justify-content: center;
}

.search-box button:hover {
    background: #357abd;
}

.weather-card {
```

```css
    background: white;
    border-radius: 16px;
    padding: 24px;
    box-shadow: 0 4px 6px rgba(0, 0, 0, 0.1);
    position: relative;
    min-height: 300px;
}

.loading {
    position: absolute;
    top: 0;
    left: 0;
    right: 0;
    bottom: 0;
    background: rgba(255, 255, 255, 0.9);
    display: none;
    justify-content: center;
    align-items: center;
    border-radius: 16px;
}

.loading.active {
    display: flex;
}

.spinner {
    width: 40px;
    height: 40px;
    border: 4px solid #f3f3f3;
    border-top: 4px solid #4a90e2;
    border-radius: 50%;
    animation: spin 1s linear infinite;
}

@keyframes spin {
    0% { transform: rotate(0deg); }
    100% { transform: rotate(360deg); }
}

.weather-content {
    opacity: 0;
    transition: opacity 0.3s ease-in-out;
}

.weather-content.active {
    opacity: 1;
}

.weather-content.fade-out {
    opacity: 0;
}

.weather-content.fade-in {
    opacity: 1;
}

.city-name {
```

```css
    font-size: 24px;
    font-weight: bold;
    margin-bottom: 16px;
    color: #333;
}

.weather-main {
    display: flex;
    justify-content: space-between;
    align-items: center;
    margin-bottom: 16px;
}

.temperature {
    font-size: 48px;
    font-weight: bold;
    color: #333;
}

.unit {
    font-size: 24px;
    color: #666;
}

.weather-icon img {
    width: 80px;
    height: 80px;
}

.weather-description {
    font-size: 18px;
    color: #666;
    margin-bottom: 20px;
    text-transform: capitalize;
}

.weather-details {
    display: grid;
    grid-template-columns: 1fr 1fr;
    gap: 16px;
    margin-bottom: 16px;
}

.detail {
    display: flex;
    flex-direction: column;
    gap: 4px;
}

.label {
    font-size: 14px;
    color: #666;
}

.detail span:last-child {
    font-size: 16px;
    color: #333;
```

```css
        font-weight: 500;
    }

    .update-time {
        font-size: 12px;
        color: #999;
        text-align: right;
    }

    /* 搜索历史样式 */
    .search-history {
        background: white;
        border-radius: 12px;
        padding: 16px;
        margin-bottom: 20px;
        box-shadow: 0 2px 4px rgba(0, 0, 0, 0.1);
    }

    .history-header {
        display: flex;
        justify-content: space-between;
        align-items: center;
        margin-bottom: 12px;
    }

    .history-header h3 {
        margin: 0;
        font-size: 16px;
        color: #333;
    }

    .clear-history {
        background: none;
        border: none;
        color: #666;
        cursor: pointer;
        font-size: 14px;
        padding: 4px 8px;
        border-radius: 4px;
        transition: all 0.3s;
    }

    .clear-history:hover {
        background: #f0f0f0;
        color: #333;
    }

    .history-list {
        list-style: none;
        padding: 0;
        margin: 0;
        display: flex;
        flex-wrap: wrap;
        gap: 8px;
    }

    .history-item {
```

```
    background: #f5f5f5;
    padding: 6px 12px;
    border-radius: 16px;
    font-size: 14px;
    color: #333;
    cursor: pointer;
    transition: all 0.3s;
    border: 1px solid #eee;
}

.history-item:hover {
    background: #e8e8e8;
    transform: translateY(-1px);
}

.history-item.active {
    background: #4a90e2;
    color: white;
    border-color: #4a90e2;
}

/* 响应式调整 */
@media (max-width: 480px) {
    .container {
        padding: 10px;
    }

    .weather-card {
        padding: 16px;
    }

    .temperature {
        font-size: 36px;
    }

    .unit {
        font-size: 20px;
    }

    .weather-icon img {
        width: 60px;
        height: 60px;
    }

    .search-history {
        padding: 12px;
    }

    .history-header h3 {
        font-size: 14px;
    }

    .clear-history {
        font-size: 12px;
        padding: 3px 6px;
    }
```

```css
    .history-item {
        font-size: 12px;
        padding: 4px 10px;
    }

    .search-box input {
        font-size: 14px;
        padding: 8px 12px;
        padding-right: 70px;
    }

    .search-box button {
        padding: 0 16px;
        font-size: 14px;
    }
}

/* 天气预报图表样式 */
.forecast-card {
    background: white;
    border-radius: 16px;
    padding: 24px;
    margin-top: 20px;
    box-shadow: 0 4px 6px rgba(0, 0, 0, 0.1);
}

.forecast-header {
    display: flex;
    justify-content: space-between;
    align-items: center;
    margin-bottom: 20px;
}

.forecast-header h3 {
    margin: 0;
    font-size: 18px;
    color: #333;
}

.chart-container {
    position: relative;
    height: 300px;
    margin-bottom: 20px;
}

.forecast-details {
    display: flex;
    justify-content: space-between;
    gap: 10px;
    padding-top: 20px;
    border-top: 1px solid #eee;
}

.forecast-day {
    flex: 1;
    text-align: center;
}
```

```css
.forecast-day img {
    width: 40px;
    height: 40px;
    margin-bottom: 8px;
}

.forecast-day .date {
    font-size: 14px;
    color: #666;
    margin-bottom: 4px;
}

.forecast-day .description {
    font-size: 12px;
    color: #999;
}

@media (max-width: 480px) {
    .forecast-card {
        padding: 16px;
    }

    .forecast-header h3 {
        font-size: 16px;
    }

    .chart-container {
        height: 200px;
    }

    .forecast-details {
        flex-wrap: wrap;
    }

    .forecast-day {
        flex: 0 0 calc(33.333% - 10px);
    }

    .forecast-day img {
        width: 30px;
        height: 30px;
    }

    .forecast-day .date {
        font-size: 12px;
    }

    .forecast-day .description {
        font-size: 10px;
    }
}
```

步骤3：更新script.js文件，添加与图表相关的功能及工具提示以显示具体温度。

```javascript
// 获取 DOM 元素
const cityInput = document.getElementById('cityInput');
```

```javascript
const weatherCard = document.getElementById('weatherCard');
const loading = document.getElementById('loading');
const weatherContent = document.getElementById('weatherContent');
const cityName = document.getElementById('cityName');
const temperature = document.getElementById('temperature');
const weatherIcon = document.getElementById('weatherIcon');
const weatherDescription = document.getElementById('weatherDescription');
const humidity = document.getElementById('humidity');
const windSpeed = document.getElementById('windSpeed');
const updateTime = document.getElementById('updateTime');
const historyList = document.getElementById('historyList');
const forecastTitle = document.getElementById('forecastTitle');
const forecastLoading = document.getElementById('forecastLoading');
const forecastDetails = document.getElementById('forecastDetails');

// 图表实例
let forecastChart = null;

// 搜索历史相关函数
function getSearchHistory() {
    const history = localStorage.getItem('weatherSearchHistory');
    return history ? JSON.parse(history) : [];
}

function saveSearchHistory(city) {
    let history = getSearchHistory();
    // 移除已存在的相同城市
    history = history.filter(item => item !== city);
    // 添加到开头
    history.unshift(city);
    // 只保留最近 5 个
    history = history.slice(0, 5);
    localStorage.setItem('weatherSearchHistory', JSON.stringify(history));
    updateHistoryList();
}

function clearHistory() {
    localStorage.removeItem('weatherSearchHistory');
    updateHistoryList();
}

function updateHistoryList() {
    const history = getSearchHistory();
    historyList.innerHTML = '';

    history.forEach(city => {
        const li = document.createElement('li');
        li.className = 'history-item';
        li.textContent = city;
        li.onclick = () => {
            cityInput.value = city;
            getWeather();
        };
        historyList.appendChild(li);
    });
}

// 添加按 Enter 键搜索支持
cityInput.addEventListener('keypress', (e) => {
    if (e.key === 'Enter') {
```

```
        getWeather();
    }
});

// 转换城市名称
function convertCityName(city) {
    // 如果输入的是英文，直接返回
    if (/[\u4e00-\u9fa5]/.test(city)) {
        return city;
    }
    // 查找中文城市名对应的英文名
    return cityMapping[city] || city;
}

// 获取天气数据
async function getWeather() {
    const inputCity = cityInput.value.trim();
    if (inputCity) {
        alert(' 请输入城市名称 ');
        return;
    }

    // 转换城市名称
    const city = convertCityName(inputCity);

    // 显示加载状态
    loading.classList.add('active');
    weatherContent.classList.add('fade-out');
    weatherContent.classList.remove('fade-in');
    forecastLoading.classList.add('active');

    try {
        // 获取当前天气
        const currentResponse = await fetch(`http://localhost:5000/current?ci
ty=${encodeURIComponent(city)}`);
        const currentData = await currentResponse.json();

        if (currentResponse.ok) {
            throw new Error(currentData.error || ' 获取天气数据失败 ');
        }

        // 如果输入的是中文，显示中文城市名
        if (/[\u4e00-\u9fa5]/.test(inputCity)) {
            currentData.city = inputCity;
        }

        // 保存到搜索历史
        saveSearchHistory(inputCity);

        // 更新显示
        updateWeatherDisplay(currentData);

        // 获取天气预报
        const forecastResponse = await fetch(`http://localhost:5000/forecast?
city=${encodeURIComponent(city)}`);
        const forecastData = await forecastResponse.json();

        if (forecastResponse.ok) {
            throw new Error(forecastData.error || ' 获取预报数据失败 ');
        }
```

```
            // 更新预报图表
            updateForecastChart(forecastData, currentData.city);

            // 添加过渡效果
            setTimeout(() => {
                weatherContent.classList.remove('fade-out');
                weatherContent.classList.add('fade-in');
            }, 100);
    } catch (error) {
            console.error('Error:', error);
            if (error.message.includes('Failed to fetch')) {
                alert('无法连接到服务器，请确保后端服务正在运行');
            } else {
                alert(error.message);
            }
    } finally {
            // 隐藏加载状态
            loading.classList.remove('active');
            forecastLoading.classList.remove('active');
    }
}

// 更新天气显示
function updateWeatherDisplay(data) {
    cityName.textContent = data.city;
    temperature.textContent = Math.round(data.temperature);
    weatherDescription.textContent = data.description;
    humidity.textContent = `${data.humidity}%`;
    windSpeed.textContent = `${data.wind_speed} m/s`;

    // 更新天气图标
    weatherIcon.src = `http://openweathermap.org/img/wn/${data.icon}@2x.png`;

    // 显示最后更新时间
    const now = new Date();
    updateTime.textContent = `最后更新：${now.toLocaleTimeString()}`;
}

// 显示预报图表
function updateForecastChart(data, cityName) {
    // 更新图表标题
    forecastTitle.textContent = `${cityName} - 未来5天预报`;

    // 准备数据
    const dates = data.map(item => {
        const date = new Date(item.date);
        return date.toLocaleDateString('zh-CN', { weekday: 'short' });
    });

    const temperatures = data.map(item => Math.round(item.temperature));
    const descriptions = data.map(item => item.description);
    const icons = data.map(item => item.icon);

    // 更新图表
    if (forecastChart) {
        forecastChart.destroy();
    }

    const ctx = document.getElementById('forecastChart').getContext('2d');
```

150

```
        forecastChart = new Chart(ctx, {
            type: 'line',
            data: {
                labels: dates,
                datasets: [{
                    label: '温度 (°C)',
                    data: temperatures,
                    borderColor: '#4a90e2',
                    backgroundColor: 'rgba(74, 144, 226, 0.1)',
                    tension: 0.4,
                    fill: true
                }]
            },
            options: {
                responsive: true,
                maintainAspectRatio: false,
                plugins: {
                    legend: {
                        display: false
                    },
                    tooltip: {
                        callbacks: {
                            label: function(context) {
                                return `温度: ${context.raw}°C`;
                            }
                        },
                        titleFont: {
                            family: "'Microsoft YaHei', 'PingFang SC', 'Helvetica
Neue', Arial, sans-serif"
                        },
                        bodyFont: {
                            family: "'Microsoft YaHei', 'PingFang SC', 'Helvetica
Neue', Arial, sans-serif"
                        }
                    }
                },
                scales: {
                    y: {
                        beginAtZero: false,
                        grid: {
                            color: 'rgba(0, 0, 0, 0.1)'
                        },
                        ticks: {
                            font: {
                                family: "'Microsoft YaHei', 'PingFang SC',
'Helvetica Neue', Arial, sans-serif"
                            }
                        }
                    },
                    x: {
                        grid: {
                            display: false
                        },
                        ticks: {
                            font: {
                                family: "'Microsoft YaHei', 'PingFang SC',
'Helvetica Neue', Arial, sans-serif"
                            }
                        }
                    }
```

```
                }
            }
    });

    // 更新预报详情
    forecastDetails.innerHTML = data.map((item, index) => `
        <div class="forecast-day">
                <img src="http://openweathermap.org/img/wn/${icons[index]}@2x.
png" alt="${descriptions[index]}">
                <div class="date">${dates[index]}</div>
                <div class="description">${descriptions[index]}</div>
        </div>
    `).join('');
}

// 页面加载时初始化
window.addEventListener('load', () => {
    // 初始化搜索历史
    updateHistoryList();

    // 设置默认城市
    cityInput.value = ' 北京 ';
    getWeather();
});
```

搜索城市后会自动加载并显示预报图表，鼠标指针悬停在图表上可以查看具体的温度，图表下方显示每天的天气图标和描述，切换城市时图表会自动更新（见图4-17）。

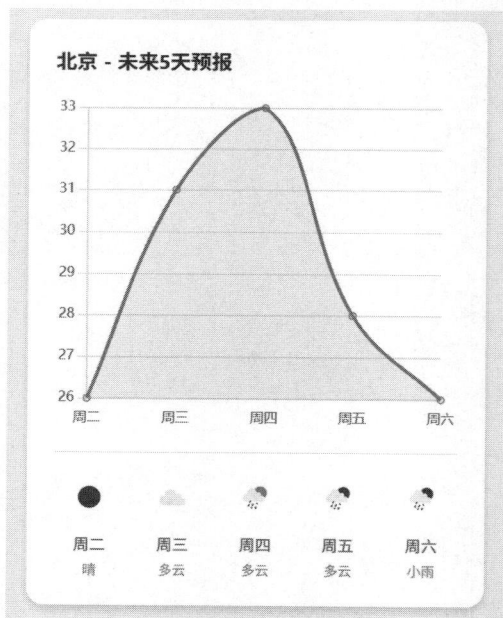

图4-17 天气信息展示界面

通过以上步骤，我们为天气应用添加了未来5天预报图表功能，使用户能够直观地了解未来天气的变化趋势。这个简单的折线图虽然功能有限，但清晰地展示了关键的温度变化和天气状况，满足了基本的预报需求。结合前面实现的当前天气展示和城市切换功能，目前的天气预报小工具已经是一个功能完整、实用性强的应用。整个项目保持了设计简约、代码精简的原则，非常适合初学者学习和理解。通过这个实例，我们展示了如何使用Cursor平台和免费的API资源，快速构建一个实用的Web应用，并掌握了实现API对接、数据展示、用户交互和数据可视化的基本技能。

第5章

实用工具开发

5.1 用 Cursor 开发 Markdown 编辑器

5.1.1 编辑功能

Markdown编辑功能是编辑器应用的核心，它允许用户使用简洁的Markdown语法创建和编辑文档。接下来将使用Cursor平台实现一个功能完备的Markdown编辑器界面，包括文本输入区域和编辑工具栏。

步骤1：首先创建一个新的项目文件夹，将其命名为MarkdownEditor。创建完毕后，打开Cursor编辑器，在Cursor编辑器的主界面中，找到并单击Open project（打开项目文件夹）按钮，这样可以浏览计算机文件。接下来浏览刚才创建的文件夹，并选择它（见图5-1）。

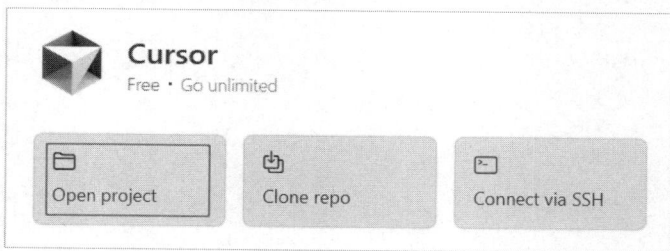

图 5-1 单击 Open project 按钮

步骤2：接下来在侧边栏的输入框中输入以下内容："我需要开发一个Markdown编辑器，使用HTML、CSS、JavaScript代码实现，需要实现以下内容：①编辑器界面设计：创建一个全屏编辑区域，使用适合编辑代码的等宽字体；②设计简洁的工具栏，包含常用的Markdown格式按钮（标题/粗体/斜体/链接/列表等）；③使用localStorage自动保存功能，避免意外关闭导致内容丢失；④编辑功能实现：单击工具栏中的按钮时在光标位置插入对应的Markdown语法；⑤实现基本的快捷键支持（Ctrl+B粗体/Ctrl+I斜体等）；⑥制表符处理和自动缩进；光标位置记忆和恢复；⑦用户体验优化：编辑区域的响应式设计，适应不同的屏幕尺寸，简单的撤销/重置功能。请提供关键代码实现和简单的文件结构，提供精简而高效的代码，确保代码的可读性和可维护性，有必要的注释"。单击"发送"按钮。

Cursor会根据要求生成对应的代码，单击"Accept flie"按钮。首先创建 index.html 文件：包含工具栏和文本区两部分。工具栏提供多种格式化按钮，包括标题、样式、列表格、代码块和引用等功能。

```html
<!DOCTYPE html>
<html lang="zh-CN">
<head>
    <meta charset="UTF-8">
    <meta name="viewport" content="width=device-width, initial-scale=1.0">
    <title>Markdown 编辑器 </title>
    <link rel="stylesheet" href="styles.css">
</head>
<body>
    <div class="editor-container">
        <div class="toolbar">
            <button data-command="h1" title=" 标题 1">H1</button>
            <button data-command="h2" title=" 标题 2">H2</button>
            <button data-command="bold" title=" 粗体 (Ctrl+B)">B</button>
            <button data-command="italic" title=" 斜体 (Ctrl+I)">I</button>
            <button data-command="link" title=" 链接 ">🔗</button>
            <button data-command="ul" title=" 无序列表 ">•</button>
            <button data-command="ol" title=" 有序列表 ">1.</button>
            <button data-command="code" title=" 代码块 ">```</button>
            <button data-command="quote" title=" 引用 ">"</button>
            <button data-command="undo" title=" 撤销 (Ctrl+Z)">↩</button>
            <button data-command="redo" title=" 重做 (Ctrl+Y)">↪</button>
        </div>
        <div class="editor-wrapper">
            <textarea id="editor" spellcheck="false" placeholder=" 开始编写你的
Markdown 文档……"></textarea>
        </div>
    </div>
    <script src="script.js"></script>
</body>
</html>
```

步骤3：创建 styles.css 文件：实现编辑器的样式。

```css
* {
    margin: 0;
    padding: 0;
    box-sizing: border-box;
}

body {
    font-family: -apple-system, BlinkMacSystemFont, "Segoe UI", Roboto,
"Helvetica Neue", Arial, sans-serif;
    background-color: #f5f5f5;
    height: 100vh;
    display: flex;
    flex-direction: column;
}

.editor-container {
    display: flex;
    flex-direction: column;
    height: 100vh;
    background-color: white;
    box-shadow: 0 0 10px rgba(0, 0, 0, 0.1);
```

```
    }

    .toolbar {
        padding: 10px;
        background-color: #f8f9fa;
        border-bottom: 1px solid #dee2e6;
        display: flex;
        gap: 5px;
        flex-wrap: wrap;
    }

    .toolbar button {
        padding: 5px 10px;
        border: 1px solid #dee2e6;
        background-color: white;
        border-radius: 4px;
        cursor: pointer;
        font-size: 14px;
        transition: all 0.2s;
    }

    .toolbar button:hover {
        background-color: #e9ecef;
    }

    .toolbar button:active {
        background-color: #dee2e6;
    }

    .editor-wrapper {
        flex: 1;
        padding: 20px;
        overflow: hidden;
    }

    #editor {
        width: 100%;
        height: 100%;
        border: none;
        resize: none;
        font-family: "Consolas", "Monaco", "Courier New", monospace;
        font-size: 16px;
        line-height: 1.6;
        padding: 10px;
        outline: none;
        background-color: white;
    }

    #editor:focus {
        outline: none;
    }

    /* 响应式设计 */
    @media (max-width: 768px) {
        .toolbar {
            padding: 5px;
        }
```

```
    .toolbar button {
        padding: 3px 6px;
        font-size: 12px;
    }

    #editor {
        font-size: 14px;
        padding: 5px;
    }
}
```

步骤4：创建 script.js 文件，实现编辑器的核心功能。支持常见的Markdown格式化选项、撤销/重做功能等。

```
class MarkdownEditor {
    constructor() {
        this.editor = document.getElementById('editor');
        this.toolbar = document.querySelector('.toolbar');
        this.history = [];
        this.historyIndex = -1;
        this.setupEventListeners();
        this.loadFromLocalStorage();
    }

    setupEventListeners() {
        // 工具栏按钮事件
        this.toolbar.addEventListener('click', (e) => {
            if (e.target.tagName === 'BUTTON') {
                const command = e.target.dataset.command;
                this.executeCommand(command);
            }
        });

        // 编辑器内容变化事件
        this.editor.addEventListener('input', () => {
            this.saveToLocalStorage();
            this.saveToHistory();
        });

        // 快捷键支持
        this.editor.addEventListener('keydown', (e) => {
            if (e.ctrlKey || e.metaKey) {
                switch (e.key.toLowerCase()) {
                    case 'b':
                        e.preventDefault();
                        this.executeCommand('bold');
                        break;
                    case 'i':
                        e.preventDefault();
                        this.executeCommand('italic');
                        break;
                    case 'z':
                        e.preventDefault();
                        if (e.shiftKey) {
                            this.redo();
```

```
                } else {
                    this.undo();
                }
                break;
            case 'y':
                e.preventDefault();
                this.redo();
                break;
        }
    }
});

// 制表符处理
this.editor.addEventListener('keydown', (e) => {
    if (e.key === 'Tab') {
        e.preventDefault();
        const start = this.editor.selectionStart;
        const end = this.editor.selectionEnd;
        const value = this.editor.value;

        if (start === end) {
            // 单个制表符
            this.editor.value = value.substring(0, start) + '    ' +
value.substring(end);
            this.editor.selectionStart = this.editor.selectionEnd =
start + 4;
        } else {
            // 多行缩进
            const lines = value.substring(start, end).split('\n');
            const indented = lines.map(line => '    ' - line).join('\n');
            this.editor.value = value.substring(0, start) + indented
+ value.substring(end);
            this.editor.selectionStart = start;
            this.editor.selectionEnd = start + indented.length;
        }
    }
});
}

executeCommand(command) {
    const start = this.editor.selectionStart;
    const end = this.editor.selectionEnd;
    const selectedText = this.editor.value.substring(start, end);
    let replacement = '';

    switch (command) {
        case 'h1':
            replacement = `# ${selectedText || '标题1'}`;
            break;
        case 'h2':
            replacement = `## ${selectedText || '标题2'}`;
            break;
        case 'bold':
            replacement = `**${selectedText || '粗体文本'}**`;
            break;
        case 'italic':
            replacement = `*${selectedText || '斜体文本'}*`;
```

```
                         break;
                 case 'link':
                     replacement = `[${selectedText || '链接文本'}](url)`;
                     break;
                 case 'ul':
                         replacement = selectedText ? selectedText.split('\n').
map(line => `- ${line}`).join('\n') : '- ';
                     break;
                 case 'ol':
                         replacement = selectedText ? selectedText.split('\n').
map((line, i) => `${i + 1}. ${line}`).join('\n') : '1. ';
                     break;
                 case 'code':
                         replacement = selectedText ? `\`\`\`\n${selectedText}
\n\`\`\`` : '```\n代码块 \n```';
                     break;
                 case 'quote':
                         replacement = selectedText ? selectedText.split('\n').
map(line => `> ${line}`).join('\n') : '> ';
                     break;
                 case 'undo':
                     this.undo();
                     return;
                 case 'redo':
                     this.redo();
                     return;
         }

         this.editor.value = this.editor.value.substring(0, start) +
replacement + this.editor.value.substring(end);
         this.editor.selectionStart = start + replacement.length;
         this.editor.selectionEnd = start + replacement.length;
         this.editor.focus();
     }

     saveToHistory() {
         const content = this.editor.value;
         if (this.historyIndex < this.history.length - 1) {
             this.history = this.history.slice(0, this.historyIndex + 1);
         }
         this.history.push(content);
         this.historyIndex = this.history.length - 1;
     }

     undo() {
         if (this.historyIndex > 0) {
             this.historyIndex--;
             this.editor.value = this.history[this.historyIndex];
         }
     }

     redo() {
         if (this.historyIndex < this.history.length - 1) {
             this.historyIndex++;
             this.editor.value = this.history[this.historyIndex];
         }
     }
```

159

```
    saveToLocalStorage() {
        localStorage.setItem('markdown-content', this.editor.value);
        localStorage.setItem('markdown-cursor', this.editor.selectionStart);
    }

    loadFromLocalStorage() {
        const savedContent = localStorage.getItem('markdown-content');
        const savedCursor = localStorage.getItem('markdown-cursor');

        if (savedContent) {
            this.editor.value = savedContent;
            this.history = [savedContent];
            this.historyIndex = 0;

            if (savedCursor) {
                    this.editor.selectionStart = this.editor.selectionEnd =
parseInt(savedCursor);
            }
        }
    }
}

// 初始化编辑器
document.addEventListener('DOMContentLoaded', () => {
    new MarkdownEditor();
});
```

现在用户可以直接在浏览器中打开 index.html 文件来使用这个编辑器（见图5-2）。编辑器会自动保存用户输入的内容，即使关闭浏览器后重新打开，内容也会保持不变。

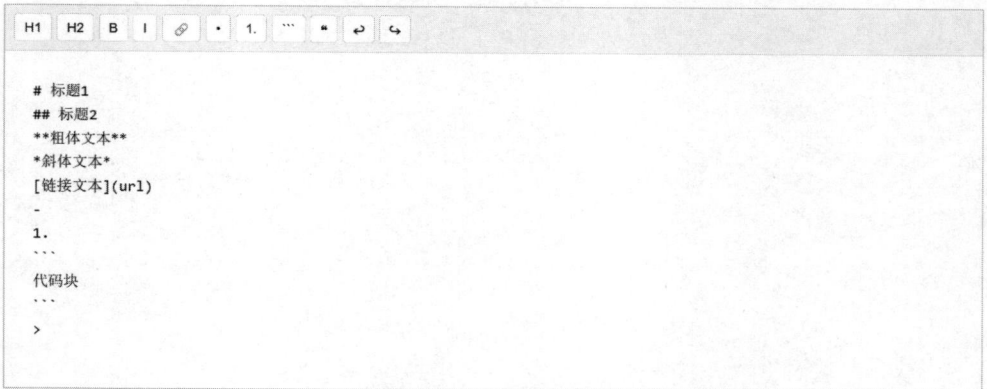

| H1 | H2 | B | I | 🔗 | · | 1. | ··· | " | ↵ | ↶ |

```
# 标题1
## 标题2
**粗体文本**
*斜体文本*
[链接文本](url)
-
1.
```
代码块
```
>
```

图 5-2　编辑器界面

通过以上步骤，我们构建了Markdown编辑器的核心编辑功能。编辑器界面简洁、直观，提供了流畅的文本输入体验和便捷的Markdown格式工具。工具栏中的按钮和快捷键支持使得常用的格式操作变得简单高效，而localStorage自动保存功能则确保了用户内容的安全。响应式设计确保了编辑器在不同设备上都能提供良好的使用体验，用户可以直接在浏览器中使用，为下一步实现实时预览功能奠定了坚实基础。

5.1.2　预览功能

预览功能是Markdown编辑器的关键组成部分，它使用户能够实时查看渲染后的文档效果。接下来将实现一个高效的Markdown预览系统，将用户输入的Markdown文本转换为格式化的HTML并显示。

步骤1：在侧边栏的输入框中输入以下内容："基于已开发的Markdown编辑功能，我需要添加实时预览功能。请帮我实现：①预览界面设计：创建分屏布局，左侧编辑，右侧预览；②设计美观的预览样式，包括适当的字体、间距和颜色；③添加预览与编辑的切换按钮，适配移动设备单屏体验；④实现预览区域的滚动同步（编辑区滚动时预览区同步滚动到对应位置）；⑤Markdown渲染实现，支持常用Markdown语法：标题/段落/列表/链接/图片/代码块/引用等；⑥处理特殊字符转义，确保安全渲染；⑦实时预览功能：监听编辑区内容变化，自动更新预览区；⑧使用防抖或节流技术优化更新频率，确保性能；⑨保存预览状态到localStorage，与编辑内容同步。请提供完整的代码，代码应当结构清晰，包含必要的注释，与现有文件无缝集成"。单击"发送"按钮。

Cursor会根据要求生成对应的代码，单击"Accept flie"按钮。首先修改 index.html文件，添加预览区域和切换按钮，支持编辑/预览模式切换。

```
<!DOCTYPE html>
<html lang="zh-CN">
<head>
    <meta charset="UTF-8">
    <meta name="viewport" content="width=device-width, initial-scale=1.0">
    <title>Markdown 编辑器 </title>
    <link rel="stylesheet" href="styles.css">
    <!-- 添加 Marked.js 用于 Markdown 预览 -->
    <script src="https://cdn.jsdelivr.net/npm/marked/marked.min.js"></script>
    <!-- 添加 DOMPurify 用于安全渲染 -->
     <script src="https://cdnjs.cloudflare.com/ajax/libs/dompurify/3.0.6/
purify.min.js"></script>
</head>
<body>
    <div class="editor-container">
        <div class="toolbar">
            <button data-command="h1" title=" 标题 1">H1</button>
            <button data-command="h2" title=" 标题 2">H2</button>
            <button data-command="bold" title=" 粗体 ">B</button>
            <button data-command="italic" title=" 斜体 ">I</button>
            <button data-command="link" title=" 链接 ">⌀</button>
            <button data-command="ul" title=" 无序列表 ">•</button>
            <button data-command="ol" title=" 有序列表 ">1.</button>
            <button data-command="code" title=" 代码块 ">```</button>
            <button data-command="quote" title=" 引用 ">❝</button>
            <button data-command="table" title=" 表格 ">田</button>
            <button data-command="task" title=" 任务列表 ">□</button>
            <button data-command="undo" title=" 撤销 ">↵</button>
            <button data-command="redo" title=" 重做 ">↪</button>
            <button data-command="preview" title=" 预览 ">👁</button>
        </div>
        <div class="editor-wrapper">
            <div class="editor-panel">
```

```
                        <textarea id="editor" spellcheck="false" placeholder=" 开始编写
你的 Markdown 文档……"></textarea>
                </div>
                <div class="preview-panel" id="preview"></div>
            </div>
        </div>
        <script src="script.js"></script>
    </body>
    </html>
```

步骤2：更新 styles.css 文件，添加预览区域的样式代码。

```
* {
    margin: 0;
    padding: 0;
    box-sizing: border-box;
}

body {
     font-family: -apple-system, BlinkMacSystemFont, "Segoe UI", Roboto,
"Helvetica Neue", Arial, sans-serif;
    background-color: #f5f5f5;
    height: 100vh;
    display: flex;
    flex-direction: column;
}

.editor-container {
    display: flex;
    flex-direction: column;
    height: 100vh;
    background-color: white;
    box-shadow: 0 0 10px rgba(0, 0, 0, 0.1);
}

.toolbar {
    padding: 10px;
    background-color: #f8f9fa;
    border-bottom: 1px solid #dee2e6;
    display: flex;
    gap: 5px;
    flex-wrap: wrap;
    position: sticky;
    top: 0;
    z-index: 100;
}

.toolbar button {
    padding: 5px 10px;
    border: 1px solid #dee2e6;
    background-color: white;
    border-radius: 4px;
    cursor: pointer;
    font-size: 14px;
    transition: all 0.2s;
    min-width: 32px;
}
```

```css
.toolbar button:hover {
    background-color: #e9ecef;
}

.toolbar button:active {
    background-color: #dee2e6;
}

.editor-wrapper {
    flex: 1;
    display: flex;
    overflow: hidden;
}

.editor-panel {
    flex: 1;
    padding: 20px;
    border-right: 1px solid #dee2e6;
    display: flex;
    flex-direction: column;
}

.preview-panel {
    flex: 1;
    padding: 20px;
    overflow-y: auto;
    background-color: #fafafa;
    display: none;
}

.preview-panel.active {
    display: block;
}

#editor {
    width: 100%;
    height: 100%;
    border: none;
    resize: none;
    font-family: 'Consolas', 'Monaco', 'Courier New', monospace;
    font-size: 16px;
    line-height: 1.6;
    padding: 10px;
    outline: none;
    background-color: white;
    tab-size: 4;
}

#editor:focus {
    outline: none;
}

/* 预览面板样式 */
.preview-panel {
    font-family: -apple-system, BlinkMacSystemFont, "Segoe UI", Roboto,
"Helvetica Neue", Arial, sans-serif;
    line-height: 1.6;
```

```
    }

    .preview-panel h1 {
        font-size: 2em;
        margin-bottom: 0.5em;
    }

    .preview-panel h2 {
        font-size: 1.5em;
        margin-bottom: 0.5em;
    }

    .preview-panel h3 {
        font-size: 1.25em;
        margin-bottom: 0.5em;
    }

    .preview-panel p {
        margin-bottom: 1em;
    }

    .preview-panel code {
        background-color: #f0f0f0;
        padding: 0.2em 0.4em;
        border-radius: 3px;
        font-family: 'Consolas', 'Monaco', 'Courier New', monospace;
    }

    .preview-panel pre {
        background-color: #f0f0f0;
        padding: 1em;
        border-radius: 4px;
        overflow-x: auto;
        margin-bottom: 1em;
    }

    .preview-panel pre code {
        background-color: transparent;
        padding: 0;
    }

    .preview-panel blockquote {
        border-left: 4px solid #dee2e6;
        padding-left: 1em;
        margin-left: 0;
        color: #6c757d;
    }

    .preview-panel table {
        border-collapse: collapse;
        width: 100%;
        margin-bottom: 1em;
    }

    .preview-panel th,
    .preview-panel td {
        border: 1px solid #dee2e6;
```

```
    padding: 0.5em;
}


.preview-panel th {
    background-color: #f8f9fa;
}

/* 响应式设计 */
@media (max-width: 768px) {
    .editor-wrapper {
        flex-direction: column;
    }

    .editor-panel,
    .preview-panel {
        width: 100%;
        height: 50vh;
    }

    .editor-panel {
        border-right: none;
        border-bottom: 1px solid #dee2e6;
    }

    .toolbar {
        padding: 5px;
    }

    .toolbar button {
        padding: 3px 6px;
        font-size: 12px;
    }

    #editor {
        font-size: 14px;
    }
}
```

步骤3：更新 script.js 文件。添加预览功能，以及编辑区和预览区的滚动同步功能。

```
/**
 * Markdown 编辑器类
 * 实现编辑器的核心功能，包括编辑、预览、历史记录等
 */
class MarkdownEditor {
    constructor() {
        // 初始化 DOM 元素引用
        this.editor = document.getElementById('editor');
        this.preview = document.getElementById('preview');
        this.toolbar = document.querySelector('.toolbar');

        // 初始化状态变量
        this.history = [];           // 编辑历史记录
        this.historyIndex = -1;      // 当前历史记录索引
        this.isPreviewMode = false;  // 预览模式状态

        // 初始化编辑器
```

```javascript
        this.setupEventListeners();
        this.loadFromLocalStorage();
        this.setupMarked();
        this.setupScrollSync();
    }

    /**
     * 配置 Marked.js 的渲染选项
     */
    setupMarked() {
        marked.setOptions({
            breaks: true,           // 支持 GitHub 风格的换行
            gfm: true,              // 启用 GitHub 风格的 Markdown
            headerIds: true,        // 为标题添加 ID
            mangle: false           // 禁用标题 ID 的混淆
        });
    }

    /**
     * 设置事件监听器
     */
    setupEventListeners() {
        // 工具栏按钮单击事件
        this.toolbar.addEventListener('click', (e) => {
            if (e.target.tagName === 'BUTTON') {
                const command = e.target.dataset.command;
                this.executeCommand(command);
            }
        });

        // 编辑器内容变化事件
        this.editor.addEventListener('input', () => {
            this.saveToLocalStorage();
            this.saveToHistory();
            this.updatePreview();
        });

        // 快捷键支持
        this.editor.addEventListener('keydown', (e) => {
            if (e.ctrlKey || e.metaKey) {
                switch (e.key.toLowerCase()) {
                    case 'b':
                        e.preventDefault();
                        this.executeCommand('bold');
                        break;
                    case 'i':
                        e.preventDefault();
                        this.executeCommand('italic');
                        break;
                    case 'p':
                        e.preventDefault();
                        this.togglePreview();
                        break;
                    case 'z':
                        e.preventDefault();
                        if (e.shiftKey) {
                            this.redo();
```

```
                                    } else {
                                        this.undo();
                                    }
                                    break;
                            }
                        }
                    });

                    // 制表符处理
                    this.editor.addEventListener('keydown', (e) => {
                        if (e.key === 'Tab') {
                            e.preventDefault();
                            const start = this.editor.selectionStart;
                            const end = this.editor.selectionEnd;
                            const value = this.editor.value;

                            // 如果选中了文本，则缩进选中的每一行
                            if (start !== end) {
                                const selectedText = value.substring(start, end);
                                const lines = selectedText.split('\n');
                                const indentedText = lines.map(line => '    ' + line).
join('\n');
                                this.editor.value = value.substring(0, start) +
indentedText + value.substring(end);
                                this.editor.selectionStart = start;
                                this.editor.selectionEnd = start + indentedText.length;
                            } else {
                                // 如果没有选中文本，则插入 4 个空格
                                this.editor.value = value.substring(0, start) + '    ' +
value.substring(end);
                                this.editor.selectionStart = this.editor.selectionEnd =
start + 4;
                            }
                        }
                    });
                }

                /**
                 * 执行编辑器命令
                 * @param {string} command - 要执行的命令
                 */
                executeCommand(command) {
                    const start = this.editor.selectionStart;
                    const end = this.editor.selectionEnd;
                    const selectedText = this.editor.value.substring(start, end);
                    let insertText = '';

                    // 根据不同的命令插入对应的 Markdown 语法
                    switch (command) {
                        case 'h1':
                            insertText = `# ${selectedText}`;
                            break;
                        case 'h2':
                            insertText = `## ${selectedText}`;
                            break;
                        case 'bold':
                            insertText = `**${selectedText}**`;
```

167

```
                    break;
                case 'italic':
                    insertText = `*${selectedText}*`;
                    break;
                case 'link':
                    insertText = `[${selectedText}](url)`;
                    break;
                case 'ul':
                    insertText = `- ${selectedText}`;
                    break;
                case 'ol':
                    insertText = `1. ${selectedText}`;
                    break;
                case 'code':
                    insertText = `\`\`\`\n${selectedText}\n\`\`\``;
                    break;
                case 'quote':
                    insertText = `> ${selectedText}`;
                    break;
                case 'table':
                    insertText = `| 标题1 | 标题2 | 标题3 |\n|-------|-------|---
----|\n| 内容1 | 内容2 | 内容3 |`;
                    break;
                case 'task':
                    insertText = `- [ ] ${selectedText}`;
                    break;
                case 'undo':
                    this.undo();
                    return;
                case 'redo':
                    this.redo();
                    return;
                case 'preview':
                    this.togglePreview();
                    return;
            }

        // 插入文本并更新光标位置
            this.editor.value = this.editor.value.substring(0, start) +
insertText + this.editor.value.substring(end);
            this.editor.focus();
            this.editor.selectionStart = start + insertText.length;
            this.editor.selectionEnd = start + insertText.length;
            this.updatePreview();
        }

        /**
         * 切换预览模式
         */
        togglePreview() {
            this.isPreviewMode = !this.isPreviewMode;
            this.preview.classList.toggle('active');
            if (this.isPreviewMode) {
                this.updatePreview();
            }
        }
```

```
/**
 *  更新预览内容
 */
updatePreview() {
    if (this.isPreviewMode) {
        const content = this.editor.value;
        const html = marked.parse(content);
        this.preview.innerHTML = DOMPurify.sanitize(html);
    }
}


/**
 *  保存到历史记录
 */
saveToHistory() {
    const content = this.editor.value;
    if (this.historyIndex < this.history.length - 1) {
        this.history = this.history.slice(0, this.historyIndex + 1);
    }
    this.history.push(content);
    this.historyIndex = this.history.length - 1;
}


/**
 *  撤销操作
 */
undo() {
    if (this.historyIndex > 0) {
        this.historyIndex--;
        this.editor.value = this.history[this.historyIndex];
        this.updatePreview();
    }
}


/**
 *  重做操作
 */
redo() {
    if (this.historyIndex < this.history.length - 1) {
        this.historyIndex++;
        this.editor.value = this.history[this.historyIndex];
        this.updatePreview();
    }
}


/**
 *  保存到本地
 */
saveToLocalStorage() {
    localStorage.setItem('markdown-content', this.editor.value);
    localStorage.setItem('cursor-position', this.editor.selectionStart);
    localStorage.setItem('preview-mode', this.isPreviewMode);
}


/**
 *  从本地存储加载
 */
```

```
        loadFromLocalStorage() {
            const savedContent = localStorage.getItem('markdown-content');
            const savedPosition = localStorage.getItem('cursor-position');
            const savedPreviewMode = localStorage.getItem('preview-mode');

            if (savedContent) {
                this.editor.value = savedContent;
                this.history = [savedContent];
                this.historyIndex = 0;

                if (savedPosition) {
                        this.editor.selectionStart = this.editor.selectionEnd =
parseInt(savedPosition);
                }
            }

            if (savedPreviewMode === 'true') {
                this.togglePreview();
            }
        }

        /**
         * 设置滚动同步
         * 实现编辑区和预览区的滚动同步
         */
        setupScrollSync() {
            let isScrolling = false;

            // 滚动编辑区时同步预览区
            this.editor.addEventListener('scroll', () => {
                if (isScrolling) return;
                isScrolling = true;

                const editorScrollPercent = this.editor.scrollTop / (this.editor.
scrollHeight - this.editor.clientHeight);
                    const previewScrollTop = editorScrollPercent * (this.preview.
scrollHeight - this.preview.clientHeight);

                this.preview.scrollTop = previewScrollTop;

                setTimeout(() => {
                    isScrolling = false;
                }, 100);
            });

            // 滚动预览区时同步编辑区
            this.preview.addEventListener('scroll', () => {
                if (isScrolling) return;
                isScrolling = true;

                    const previewScrollPercent = this.preview.scrollTop / (this.
preview.scrollHeight - this.preview.clientHeight);
                    const editorScrollTop = previewScrollPercent * (this.editor.
scrollHeight - this.editor.clientHeight);

                this.editor.scrollTop = editorScrollTop;
```

```
            setTimeout(() => {
                isScrolling = false;
            }, 100);
        });
    }
}

// 初始化编辑器
document.addEventListener('DOMContentLoaded', () => {
    new MarkdownEditor();
});
```

步骤4：单击工具栏中的眼睛图标可以切换预览模式，在编辑区输入Markdown文本，预览区会实时显示渲染结果。在移动设备上，预览区和编辑区会自动切换为上下布局，所有内容会自动保存，包括预览模式的状态（见图5-3）。

图5-3　编译器预览界面

通过以上步骤，我们为Markdown编辑器添加了实时预览功能，用户现在可以在编辑Markdown文本的同时，立即看到渲染后的格式化内容，这大大提升了编辑体验和效率；采用分屏设计，适应不同的屏幕尺寸，并提供了编辑与预览的切换选项，确保在移动设备上同样有良好的体验。接下来将实现导出功能，让用户能够将Markdown文档导出为不同格式的文件，进一步提升编辑器的实用性。

5.1.3　导出功能

导出功能可以使Markdown编辑器的价值得到进一步扩展，允许用户将创建的内容转换为各种格式以便分享或发布。接下来将实现多种格式的导出选项，使用户能够将Markdown文档转换为HTML、PDF或纯文本文件。

步骤1：在侧边栏的输入框中输入以下内容："在已实现的功能的基础上，我需要添加文档导出功能。请帮我实现以下功能。①导出选项设计：创建导出下拉菜单或对话框，提供多种导出格式供用户选择；②支持导出的格式：HTML/PDF/纯文本Markdown；③简洁的导出选项界面，与整体编辑器风格一致；④前端导出实现，HTML导出：将渲染后的HTML文件连同样式一起导出为完整的网页；⑤PDF导出：实现PDF文件生成；⑥Markdown导出：将原始Markdown文本保存为.md文件；⑦用户体验优化：导出过程中的加载指示；⑧处理大文档导出时的性能问题；⑨适当的成功/错误反馈。请提供完整的代码，代码应当结构清晰，包含必要的注释，与现有文件无缝集成"，单击"发送"按钮。

Cursor会根据要求生成对应的代码，单击"Accept flie"按钮。首先，修改HTML文件，添加导出按钮和导出对话框。

```html
<!-- 导出对话框 -->
<div id="exportDialog" class="export-dialog">
    <div class="export-dialog-content">
        <h3>选择导出格式 </h3>
        <div class="export-options">
            <button data-format="html">HTML</button>
            <button data-format="pdf">PDF</button>
            <button data-format="markdown">Markdown</button>
        </div>
        <div class="export-dialog-footer">
            <button class="cancel-btn">取消 </button>
        </div>
    </div>
</div>
<!-- 添加 html2pdf.js 用于 PDF 导出 -->
<script src="https://cdnjs.cloudflare.com/ajax/libs/html2pdf.js/0.10.1/
html2pdf.bundle.min.js"></script>
<!-- 添加导出功能模块 -->
<script src="export.js"></script>
```

添加导出对话框的样式代码如下。

```css
/* 导出对话框样式 */
.export-dialog {
    display: none;
    position: fixed;
    top: 0;
    left: 0;
    width: 100%;
    height: 100%;
    background-color: rgba(0, 0, 0, 0.5);
    z-index: 1000;
    justify-content: center;
    align-items: center;
}

.export-dialog.active {
    display: flex;
}

.export-dialog-content {
    background-color: white;
    padding: 20px;
    border-radius: 8px;
    box-shadow: 0 2px 10px rgba(0, 0, 0, 0.1);
```

```
    width: 300px;
}

.export-dialog h3 {
    margin-bottom: 15px;
    color: #333;
    text-align: center;
}

.export-options {
    display: flex;
    flex-direction: column;
    gap: 10px;
    margin-bottom: 20px;
}

.export-options button {
    padding: 10px;
    border: 1px solid #dee2e6;
    background-color: white;
    border-radius: 4px;
    cursor: pointer;
    transition: all 0.2s;
}

.export-options button:hover {
    background-color: #f8f9fa;
}

.export-dialog-footer {
    display: flex;
    justify-content: flex-end;
}

.cancel-btn {
    padding: 8px 16px;
    border: 1px solid #dee2e6;
    background-color: #f8f9fa;
    border-radius: 4px;
    cursor: pointer;
    transition: all 0.2s;
}

.cancel-btn:hover {
    background-color: #e9ecef;
}

/* 加载指示器样式 */
.loading-indicator {
    display: none;
    position: fixed;
    top: 50%;
    left: 50%;
    transform: translate(-50%, -50%);
    background-color: rgba(0, 0, 0, 0.7);
    color: white;
    padding: 15px 30px;
```

```
        border-radius: 4px;
        z-index: 1001;
    }

    .loading-indicator.active {
        display: block;
    }
```

步骤2：创建export.js文件，实现导出功能。

```
    /**
     * 导出功能模块
     */
    class ExportManager {
        constructor(editor) {
            this.editor = editor;
            this.exportDialog = document.getElementById('exportDialog');
            this.setupExportDialog();
        }

        /**
         * 设置导出对话框的事件监听
         */
        setupExportDialog() {
            // 导出按钮单击事件
            const exportBtn = this.editor.toolbar.querySelector('[data-
command="export"]');
            exportBtn.addEventListener('click', () => {
                this.exportDialog.classList.add('active');
            });

            // 取消按钮单击事件
            const cancelBtn = this.exportDialog.querySelector('.cancel-btn');
            cancelBtn.addEventListener('click', () => {
                this.exportDialog.classList.remove('active');
            });

            // 导出选项单击事件
            const exportOptions = this.exportDialog.querySelectorAll('.export-
options button');
            exportOptions.forEach(button => {
                button.addEventListener('click', () => {
                    const format = button.dataset.format;
                    this.exportDocument(format);
                    this.exportDialog.classList.remove('active');
                });
            });

            // 单击对话框外部关闭
            this.exportDialog.addEventListener('click', (e) => {
                if (e.target === this.exportDialog) {
                    this.exportDialog.classList.remove('active');
                }
            });
        }

        /**
```

```
 *  显示加载指示器
 *  @param {boolean} show - 是否显示加载指示器
 */
showLoadingIndicator(show) {
    let indicator = document.querySelector('.loading-indicator');
    if (indicator) {
        indicator = document.createElement('div');
        indicator.className = 'loading-indicator';
        indicator.textContent = ' 正在导出……';
        document.body.appendChild(indicator);
    }
    indicator.classList.toggle('active', show);
}


/**
 *  导出文档
 *  @param {string} format - 导出格式 (html/pdf/markdown)
 */
async exportDocument(format) {
    this.showLoadingIndicator(true);
    try {
        const content = this.editor.editor.value;
        const filename = 'document';

        switch (format) {
            case 'html':
                await this.exportToHtml(content, filename);
                break;
            case 'pdf':
                await this.exportToPdf(content, filename);
                break;
            case 'markdown':
                this.exportToMarkdown(content, filename);
                break;
        }
    } catch (error) {
        console.error(' 导出失败 :', error);
        alert(' 导出失败，请重试 ');
    } finally {
        this.showLoadingIndicator(false);
    }
}

/**
 *  导出为 HTML
 *  @param {string} content - Markdown 内容
 *  @param {string} filename - 文件名
 */
async exportToHtml(content, filename) {
    const html = marked.parse(content);
    const sanitizedHtml = DOMPurify.sanitize(html);
    const fullHtml = `
        <!DOCTYPE html>
        <html>
        <head>
            <meta charset="UTF-8">
            <title>${filename}</title>
```

```
            <style>
                body {
                            font-family: -apple-system, BlinkMacSystemFont,
"Segoe UI", Roboto, "Helvetica Neue", Arial, sans-serif;
                    line-height: 1.6;
                    max-width: 800px;
                    margin: 0 auto;
                    padding: 20px;
                }
                pre {
                    background-color: #f0f0f0;
                    padding: 1em;
                    border-radius: 4px;
                    overflow-x: auto;
                }
                code {
                    background-color: #f0f0f0;
                    padding: 0.2em 0.4em;
                    border-radius: 3px;
                }
                blockquote {
                    border-left: 4px solid #dee2e6;
                    padding-left: 1em;
                    margin-left: 0;
                    color: #6c757d;
                }
                table {
                    border-collapse: collapse;
                    width: 100%;
                    margin-bottom: 1em;
                }
                th, td {
                    border: 1px solid #dee2e6;
                    padding: 0.5em;
                }
                th {
                    background-color: #f8f9fa;
                }
            </style>
        </head>
        <body>
            ${sanitizedHtml}
        </body>
        </html>
    `;

    const blob = new Blob([fullHtml], { type: 'text/html' });
    const url = URL.createObjectURL(blob);
    const a = document.createElement('a');
    a.href = url;
    a.download = `${filename}.html`;
    document.body.appendChild(a);
    a.click();
    document.body.removeChild(a);
    URL.revokeObjectURL(url);
}
```

```
/**
 * 导出为 PDF
 * @param {string} content - Markdown 内容
 * @param {string} filename - 文件名
 */
async exportToPdf(content, filename) {
    const html = marked.parse(content);
    const sanitizedHtml = DOMPurify.sanitize(html);
    const tempDiv = document.createElement('div');
    tempDiv.innerHTML = sanitizedHtml;
    tempDiv.style.padding = '20px';
    document.body.appendChild(tempDiv);

    const opt = {
        margin: 1,
        filename: `${filename}.pdf`,
        image: { type: 'jpeg', quality: 0.98 },
        html2canvas: { scale: 2 },
        jsPDF: { unit: 'in', format: 'letter', orientation: 'portrait' }
    };

    await html2pdf().set(opt).from(tempDiv).save();
    document.body.removeChild(tempDiv);
}

/**
 * 导出为 Markdown
 * @param {string} content - Markdown 内容
 * @param {string} filename - 文件名
 */
exportToMarkdown(content, filename) {
    const blob = new Blob([content], { type: 'text/markdown' });
    const url = URL.createObjectURL(blob);
    const a = document.createElement('a');
    a.href = url;
    a.download = `${filename}.md`;
    document.body.appendChild(a);
    a.click();
    document.body.removeChild(a);
    URL.revokeObjectURL(url);
}
```

步骤3：单击工具栏中的导出按钮打开导出对话框，选择需要的导出格式（HTML/PDF/Markdown），等待导出完成，文件会自动下载到计算机中（见图5-4）。

图 5-4　选择导出格式界面

通过上述步骤，我们为Markdown编辑器添加了导出功能，提升了应用的实用性。用户现在可以轻松地将编辑的Markdown内容导出为HTML、PDF或Markdown格式的文件，以满足不同场景的需求。至此，我们已经完成了Markdown编辑器应用所有核心功能的开发，包括编辑、预览和导出，用户只需打开浏览器就能使用，非常适合个人笔记、文档编辑和简单的内容创作。

5.2 用 Cursor 开发番茄时钟

5.2.1 计时功能

番茄时钟的核心是精确的计时功能，可以帮助用户遵循番茄工作法的时间分配原则。接下来将使用Cursor平台实现一个功能完备的计时器，包括工作时段和休息时段的交替计时、可视化倒计时显示，以及提醒通知功能。

步骤1：首先创建一个新的项目文件夹，将其命名为TomatoClock。创建完毕后，打开Cursor编辑器，在Cursor编辑器的主界面中，找到并单击Open project（打开项目文件夹）按钮，这样可以浏览计算机文件系统。接下来，浏览到刚才创建的文件夹，并选择它（见图5-5）。

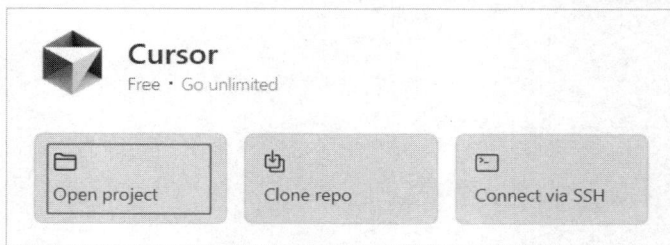

图 5-5 单击 Open project 按钮

步骤2：接下来在侧边栏的输入框中输入以下内容："我需要开发一个番茄时钟应用的计时功能，使用HTML、CSS、JavaScript代码实现，需要实现以下功能。①计时器核心功能：标准番茄工作周期：25分钟工作，5分钟短休息，每4个周期后15分钟长休息；②可自定义时长的设置选项（工作时间、短休息时间、长休息时间）；③计时过程中的暂停和继续功能；计时器重置功能；④使用Request Animation Frame实现精确倒计时；⑤用户界面设计：大而清晰的倒计时显示；⑥圆形进度条可视化剩余时间；⑦明确区分工作和休息状态的配色方案（如工作期间红色，休息期间绿色）；⑧当前状态指示（工作中/短休息/长休息）；⑨简洁的控制按钮（开始/暂停/重置）；⑩通知功能：时段结束时的音效提醒；⑪标题栏显示剩余时间（方便用户切换到其他标签时也能看到时间）；⑫用户体验优化：响应式设计，适应桌面和移动设备；暗色/亮色主题支持；⑬保存用户自定义设置到localStorage。请生成完整的文件结构，提供精简而高效的代码，确保代码的可读性和可维护性，有必要的注释"。单击"发送"按钮。

Cursor会根据要求生成对应的代码，单击"Accept flie"按钮。首先，创建 index.html 文件，包含应用的基本结构、倒计时显示、控制按钮、状态指示和设置选项。

```
<!DOCTYPE html>
<html lang="zh-CN">
```

```html
<head>
    <meta charset="UTF-8">
    <meta name="viewport" content="width=device-width, initial-scale=1.0">
    <title>番茄时钟</title>
    <link rel="stylesheet" href="style.css">
    <!-- 使用番茄emoji作为网站图标 -->
    <link rel="icon" href="data:image/svg+xml,<svg xmlns=%22http://
www.w3.org/2000/svg%22 viewBox=%220 0 100 100%22><text y=%22.9em%22 font--
ize=%2290%22></text></svg>">
</head>
<body>
    <div class="container">
        <!-- 头部区域：显示当前状态和主题切换按钮 -->
        <div class="header">
            <h1 id="status-text">工作中</h1>
                <button id="theme-toggle" class="control-button">切换主题</
button>
        </div>

        <!-- 计时器显示区域：包含圆形进度条和时间显示 -->
        <div class="timer-display">
            <svg class="progress-ring" width="250" height="250">
                <!-- 进度条背景圆 -->
                <circle class="progress-ring-circle-bg" stroke="#ccc" stroke-
width="8" fill="transparent" r="120" cx="125" cy="125"/>
                <!-- 进度条圆 -->
                    <circle class="progress-ring-circle" stroke="#f00" stroke-
width="8" fill="transparent" r="120" cx="125" cy="125"/>
                </svg>
            <span id="time">25:00</span>
        </div>

        <!-- 控制按钮区域 -->
        <div class="controls">
                <button id="start-pause-button" class="control-button">开始</
button>
            <button id="reset-button" class="control-button">重置</button>
        </div>

        <!-- 设置区域 -->
        <div class="settings">
            <h2>设置</h2>
            <!-- 工作时间设置 -->
            <div class="setting-item">
                <label for="work-time">工作时间（分钟）:</label>
                <input type="number" id="work-time" value="25" min="1">
            </div>
            <!-- 短休息时间设置 -->
            <div class="setting-item">
                <label for="short-break-time">短休息（分钟）:</label>
                <input type="number" id="short-break-time" value="5" min="1">
            </div>
            <!-- 长休息时间设置 -->
            <div class="setting-item">
                <label for="long-break-time">长休息（分钟）:</label>
                <input type="number" id="long-break-time" value="15" min="1">
            </div>
```

```
                <button id="save-settings-button" class="control-button">保存设置
</button>
        </div>
    </div>

    <script src="script.js"></script>
</body>
</html>
```

步骤3：然后创建 style.css 文件，处理用户界面设计，包括响应式设计、进度条可视化、工作和休息状态的不同配色方案，以及暗色/亮色主题的支持。

```css
/* 通用样式 */
:root {
    --background-color: #f4f7f6;
    --text-color: #333;
    --control-button-bg: #e0e0e0;
    --control-button-text: #333;
    --setting-label-color: #555;
    --input-bg: #fff;
    --input-border: #ddd;
    --work-color: #ef5350; /* 红色——工作状态 */
    --short-break-color: #66bb6a; /* 绿色——短休息状态 */
    --long-break-color: #26a69a; /* 青色——长休息状态 */
    --progress-ring-bg: #eee;
}

/* 暗色主题变量 */
[data-theme="dark"] {
    --background-color: #2c2c2c;
    --text-color: #f4f7f6;
    --control-button-bg: #555;
    --control-button-text: #f4f7f6;
    --setting-label-color: #bbb;
    --input-bg: #444;
    --input-border: #666;
    --progress-ring-bg: #444;
}

/* 基础样式 */
body {
    font-family: 'Arial', sans-serif;
    display: flex;
    justify-content: center;
    align-items: center;
    min-height: 100vh;
    margin: 0;
    background-color: var(--background-color);
    color: var(--text-color);
    transition: background-color 0.3s ease, color 0.3s ease;
}

/* 主容器样式 */
.container {
    background-color: var(--background-color);
    padding: 30px;
```

```
    border-radius: 10px;
    box-shadow: 0 4px 15px rgba(0, 0, 0, 0.1);
    text-align: center;
    width: 90%;
    max-width: 450px;
    box-sizing: border-box;
}

/* 头部区域样式 */
.header {
    display: flex;
    justify-content: space-between;
    align-items: center;
    margin-bottom: 20px;
}

h1 {
    color: var(--text-color);
    font-size: 2em;
    margin: 0;
}

/* 计时器显示区域样式 */
.timer-display {
    position: relative;
    width: 250px;
    height: 250px;
    margin: 30px auto;
}

/* 进度环背景样式 */
.progress-ring-circle-bg {
    stroke: var(--progress-ring-bg);
}

/* 进度环样式 */
.progress-ring-circle {
    transition: stroke-dashoffset 0.5s linear, stroke 0.3s ease;
    transform: rotate(-90deg);
    transform-origin: 50% 50%;
}

/* 时间显示样式 */
#time {
    position: absolute;
    top: 50%;
    left: 50%;
    transform: translate(-50%, -50%);
    font-size: 4em;
    font-weight: bold;
    color: var(--text-color);
}

/* 控制按钮样式 */
.controls button {
    background-color: var(--control-button-bg);
    color: var(--control-button-text);
```

```
        border: none;
        padding: 12px 25px;
        margin: 0 10px;
        border-radius: 5px;
        font-size: 1.1em;
        cursor: pointer;
        transition: background-color 0.2s ease, color 0.2s ease;
    }

    .controls button:hover {
        opacity: 0.9;
    }

    /* 设置区域样式 */
    .settings {
        margin-top: 40px;
        border-top: 1px solid var(--progress-ring-bg);
        padding-top: 30px;
    }

    .settings h2 {
        color: var(--text-color);
        margin-top: 0;
        font-size: 1.5em;
    }

    /* 设置项样式 */
    .setting-item {
        display: flex;
        justify-content: space-between;
        align-items: center;
        margin-bottom: 15px;
    }

    .setting-item label {
        color: var(--setting-label-color);
        font-size: 1.1em;
    }

    /* 设置输入框样式 */
    .setting-item input[type="number"] {
        width: 80px;
        padding: 8px;
        border: 1px solid var(--input-border);
        border-radius: 4px;
        background-color: var(--input-bg);
        color: var(--text-color);
        font-size: 1em;
        text-align: center;
        transition: border-color 0.3s ease, background-color 0.3s ease;
    }

    /* 设置按钮样式 */
    .settings button {
        margin-top: 20px;
        width: 100%;
        padding: 12px;
```

```css
    background-color: var(--control-button-bg);
    color: var(--control-button-text);
    border: none;
    border-radius: 5px;
    font-size: 1.1em;
    cursor: pointer;
    transition: background-color 0.2s ease, color 0.2s ease;
}

.settings button:hover {
    opacity: 0.9;
}

/* 响应式设计 */
@media (max-width: 600px) {
    .container {
        padding: 20px;
    }

    #time {
        font-size: 3.5em;
    }

    .controls button {
        padding: 10px 20px;
        margin: 0 5px;
        font-size: 1em;
    }

    .setting-item {
        flex-direction: column;
        align-items: flex-start;
    }

    .setting-item label {
        margin-bottom: 5px;
    }
}

/* 主题切换按钮的特定样式 */
#theme-toggle {
    background-color: var(--control-button-bg);
    color: var(--control-button-text);
    border: none;
    padding: 8px 15px;
    border-radius: 5px;
    font-size: 0.9em;
    cursor: pointer;
    transition: background-color 0.2s ease, color 0.2s ease;
}

#theme-toggle:hover {
    opacity: 0.9;
}
```

步骤4：创建 script.js 文件，包含计时器的核心逻辑，包括倒计时、暂停或继续、重置、自定义时长设置、精确倒计时、通知功能（音效提醒和标题栏显示剩余时间）以及保存用户设置到本地的功能。

```javascript
// DOM 元素
const timeDisplay = document.getElementById('time');
const startPauseButton = document.getElementById('start-pause-button');
const resetButton = document.getElementById('reset-button');
const statusText = document.getElementById('status-text');
const workTimeInput = document.getElementById('work-time');
const shortBreakTimeInput = document.getElementById('short-break-time');
const longBreakTimeInput = document.getElementById('long-break-time');
const saveSettingsButton = document.getElementById('save-settings-button');
const themeToggleButton = document.getElementById('theme-toggle');
const progressRing = document.querySelector('.progress-ring-circle');

// 通知音效
const notificationSound = new Audio('notification.mp3'); // 需要提供这个音频文件

// 计时器变量
let totalSeconds = 0;
let secondsRemaining = 0;
let timerState = 'stopped'; // 'stopped'(停止), 'running'(运行中), 'paused'(暂停)
let currentPhase = 'work'; // 'work'(工作), 'short-break'(短休息), 'long-
break'(长休息)
let workCyclesCompleted = 0;
let animationFrameId = null;
let lastUpdateTime = 0;

// 默认设置（可被 localStorage 覆盖）
const defaultSettings = {
    workTime: 25 * 60, // s
    shortBreakTime: 5 * 60,
    longBreakTime: 15 * 60,
    theme: 'light'
};
let settings = { ...defaultSettings };

// --- 工具函数 ---

// 格式化时间显示 (MM:SS)
function formatTime(seconds) {
    const minutes = Math.floor(seconds / 60);
    const remainingSeconds = seconds % 60;
     return `${minutes.toString().padStart(2, '0')}:${remainingSeconds.
toString().padStart(2, '0')}`;
}

// 更新进度环
function updateProgressRing() {
    const radius = progressRing.r.baseVal.value;
    const circumference = 2 * Math.PI * radius;

    progressRing.style.strokeDasharray = `${circumference} ${circumference}`;
    progressRing.style.strokeDashoffset = circumference;

    const percentage = (secondsRemaining / totalSeconds);
```

```
    const offset = circumference - percentage * circumference;
    progressRing.style.strokeDashoffset = offset;
}

// 根据当前阶段设置进度环颜色
function setProgressRingColor() {
    let color;
    if (currentPhase === 'work') {
        color = 'var(--work-color)';
    } else if (currentPhase === 'short-break') {
        color = 'var(--short-break-color)';
    } else {
        color = 'var(--long-break-color)';
    }
    progressRing.style.stroke = color;
}

// 更新 UI 元素
function updateUI() {
    timeDisplay.textContent = formatTime(secondsRemaining);
    document.title = `(${formatTime(secondsRemaining)}) 番茄时钟 `;
    statusText.textContent = getStatusText();
    setProgressRingColor();
    updateProgressRing();

    // 更新设置输入框
    workTimeInput.value = settings.workTime / 60;
    shortBreakTimeInput.value = settings.shortBreakTime / 60;
    longBreakTimeInput.value = settings.longBreakTime / 60;
}

// 获取当前状态文本
function getStatusText() {
    switch (currentPhase) {
        case 'work':
            return ' 工作中 ';
        case 'short-break':
            return ' 短休息 ';
        case 'long-break':
            return ' 长休息 ';
        default:
            return ' 番茄时钟 ';
    }
}

// 播放通知音效
function playNotificationSound() {
    notificationSound.play().catch(e => console.error(" 播放音效时出错 :", e));
}

// --- 计时器逻辑 ---

// 根据当前阶段和设置初始化计时器
function initializeTimer() {
    switch (currentPhase) {
        case 'work':
            totalSeconds = settings.workTime;
```

```
            break;
        case 'short-break':
            totalSeconds = settings.shortBreakTime;
            break;
        case 'long-break':
            totalSeconds = settings.longBreakTime;
            break;
    }
    secondsRemaining = totalSeconds;
    updateUI();
}

// 进入下一个阶段
function nextPhase() {
    playNotificationSound();

    if (currentPhase === 'work') {
        workCyclesCompleted++;
        if (workCyclesCompleted % 4 === 0) {
            currentPhase = 'long-break';
        } else {
            currentPhase = 'short-break';
        }
    } else {
        // 任何休息结束后，返回工作阶段
        currentPhase = 'work';
    }
    initializeTimer();
    toggleTimer(); // 自动开始下一个阶段
}

// 使用 requestAnimationFrame 的核心倒计时函数
function countdown(timestamp) {
    if (lastUpdateTime) lastUpdateTime = timestamp;
    const elapsed = timestamp - lastUpdateTime;

    if (elapsed >= 1000) { // 每秒更新一次
        secondsRemaining--;
        lastUpdateTime = timestamp;
        updateUI();

        if (secondsRemaining <= 0) {
            cancelAnimationFrame(animationFrameId);
            timerState = 'stopped';
            startPauseButton.textContent = ' 开始';
            nextPhase();
            return;
        }
    }
    animationFrameId = requestAnimationFrame(countdown);
}

// 开始或暂停计时器
function toggleTimer() {
    if (timerState === 'running') {
        cancelAnimationFrame(animationFrameId);
        timerState = 'paused';
```

```
            startPauseButton.textContent = '继续';
        } else {
            timerState = 'running';
            startPauseButton.textContent = '暂停';
            lastUpdateTime = performance.now(); // 开始/恢复时重置 lastUpdateTime
            animationFrameId = requestAnimationFrame(countdown);
        }
    }


    // 重置计时器
    function resetTimer() {
        cancelAnimationFrame(animationFrameId);
        timerState = 'stopped';
        currentPhase = 'work'; // 始终重置为工作阶段
        workCyclesCompleted = 0;
        startPauseButton.textContent = '开始';
        initializeTimer();
    }


    // --- 设置管理 ---

    // 从 localStorage 加载设置
    function loadSettings() {
        const savedSettings = JSON.parse(localStorage.getItem('pomodoroSettings'));
        if (savedSettings) {
            settings = { ...defaultSettings, ...savedSettings };
        }
        applyTheme(settings.theme);
        updateUI(); // 立即将加载的设置应用到 UI
    }


    // 保存设置到 localStorage
    function saveSettings() {
        settings.workTime = parseInt(workTimeInput.value) * 60;
        settings.shortBreakTime = parseInt(shortBreakTimeInput.value) * 60;
        settings.longBreakTime = parseInt(longBreakTimeInput.value) * 60;

        localStorage.setItem('pomodoroSettings', JSON.stringify(settings));
        alert('设置已保存!');
        resetTimer(); // 重置计时器以应用新设置
    }


    // --- 主题切换 ---

    // 将主题应用到 body
    function applyTheme(theme) {
        document.body.setAttribute('data-theme', theme);
        settings.theme = theme;
        localStorage.setItem('pomodoroSettings', JSON.stringify(settings)); // 保
存主题设置
    }

    // 在亮色和暗色主题之间切换
    function toggleTheme() {
        const currentTheme = document.body.getAttribute('data-theme');
        const newTheme = currentTheme === 'dark' ? 'light' : 'dark';
        applyTheme(newTheme);
```

187

```
    }

    // --- 事件监听器 ---
    startPauseButton.addEventListener('click', toggleTimer);
    resetButton.addEventListener('click', resetTimer);
    saveSettingsButton.addEventListener('click', saveSettings);
    themeToggleButton.addEventListener('click', toggleTheme);

    // 初始加载
    document.addEventListener('DOMContentLoaded', () => {
        loadSettings();
        initializeTimer();
    });
```

在与 script.js 相同的目录下放入一个名为 notification.mp3 的音频文件，来实现通知音效。在浏览器中直接打开 index.html 文件即可运行应用（见图5-6）。

图 5-6　计时界面

通过以上步骤，我们构建了番茄时钟应用的核心计时功能。计时器能够精确地管理工作和休息周期，通过视觉和声音的提醒帮助用户保持专注并适时休息。该应用的界面设计简洁明了，大型倒计时显示和圆形进度条直观地展示了剩余时间，不同阶段的颜色区分增强了视觉反馈。

该应用实现了完整的控制功能，包括开始、暂停、继续和重置，使用户能够灵活地管理自己的时间；通过本地存储，用户的自定义设置被保留下来，为用户提供了个性化的使用体验。这个计时功能为番茄时钟应用奠定了坚实的基础，接下来将构建任务管理功能，进一步增强应用的实用性。

5.2.2　任务管理

任务管理是番茄时钟应用的重要组成部分，它可以帮助用户规划工作内容并跟踪完成情况。接下来将实现一个简洁而实用的任务列表功能，允许用户创建、编辑和完成任务，并将任务与番茄工作周期关联起来。

步骤1：在侧边栏的输入框中输入以下内容："基于已开发的番茄时钟计时功能，需要添加任务管理功能，具体需求如下。①任务列表基本功能：添加新任务（标题/预计番茄数/优先级可选）；②编辑现有任务；③标记任务为完成/未完成；④删除任务；⑤使用localStorage存储任务数据；⑥任务与计时器集成：选择当前正在进行的任务；⑦每完成一个番茄周期，自动增加所选任务的已完成番茄数；⑧完成所有预计番茄数后提示用户；⑨用户界面设计：简洁的任务列表，显示任务标题，进度（已完成/预计番茄数）和状态；⑩添加和编辑任务的简单表单；⑪当前选中任务的明显标志；⑫任务排序功能（按优先级/创建时间/完成状态）；⑬任务列表与计时器界面的良好整合；⑭任务完成时的视觉反馈。请提供完整的代码，代码应当结构清晰，包含必要的注释，与现有文件无缝集成"。单击"发送"按钮。

Cursor会根据要求生成对应的代码，单击"Accept flie"按钮。首先修改index.html文件，添加与任务管理相关的界面元素。

```html
<!-- 任务管理区域 -->
    <div class="task-management">
        <h2> 任务管理 </h2>
        <!-- 任务添加表单 -->
        <div class="task-form">
            <input type="text" id="task-title" placeholder=" 输入任务标题 " class="task-input">
            <input type="number" id="task-pomodoros" placeholder=" 预计番茄数 " min="1" class="task-input">
            <select id="task-priority" class="task-input">
                <option value="low"> 低优先级 </option>
                <option value="medium"> 中优先级 </option>
                <option value="high"> 高优先级 </option>
            </select>
            <button id="add-task-button" class="control-button"> 添加任务 </button>
        </div>

        <!-- 任务列表 -->
        <div class="task-list">
            <div class="task-list-header">
                <span> 任务 </span>
                <span> 进度 </span>
                <span> 优先级 </span>
                <span> 操作 </span>
            </div>
            <div id="tasks-container"></div>
        </div>

        <!-- 任务排序选项 -->
        <div class="task-sort">
            <label>排序方式: </label>
            <select id="task-sort-select" class="task-input">
                <option value="priority"> 按优先级 </option>
                <option value="created"> 按创建时间 </option>
                <option value="status"> 按完成状态 </option>
            </select>
        </div>
```

```
            </div>
```

步骤2：新建taskManager.css文件，添加与任务管理相关的CSS样式代码。

```css
/* 任务管理样式 */
.task-management {
    background-color: var(--bg-color);
    border-radius: 10px;
    padding: 20px;
    margin: 20px 0;
    box-shadow: var(--box-shadow);
}

.task-management h2 {
    color: var(--text-color);
    margin-top: 0;
    font-size: 1.5em;
    margin-bottom: 20px;
}

/* 任务表单样式 */
.task-form {
    display: flex;
    gap: 12px;
    margin-bottom: 20px;
    flex-wrap: wrap;
    background-color: var(--secondary-bg-color);
    padding: 15px;
    border-radius: 8px;
    box-shadow: var(--box-shadow);
}

.task-input {
    padding: 10px 12px;
    border: 2px solid var(--border-color);
    border-radius: 6px;
    background-color: var(--bg-color);
    color: var(--text-color);
    font-size: 14px;
    transition: all 0.3s ease;
    flex: 1;
    min-width: 150px;
}

.task-input:focus {
    outline: none;
    border-color: var(--work-color);
    box-shadow: 0 0 0 3px rgba(var(--work-color-rgb), 0.1);
}

#task-priority {
    min-width: 120px;
}

/* 添加任务按钮样式 */
#add-task-button {
    background-color: var(--work-color);
```

```
        color: white;
        padding: 10px 20px;
        border: none;
        border-radius: 5px;
        cursor: pointer;
        font-size: 14px;
        font-weight: 500;
        transition: all 0.3s ease;
        display: flex;
        align-items: center;
        gap: 8px;
        box-shadow: var(--box-shadow);
    }

    #add-task-button:hover {
        background-color: var(--work-color-hover);
        transform: translateY(-1px);
        box-shadow: var(--box-shadow-hover);
    }

    #add-task-button:active {
        transform: translateY(0);
        box-shadow: var(--box-shadow);
    }

    #add-task-button::before {
        content: "+";
        font-size: 18px;
        font-weight: bold;
    }

    /* 任务列表样式 */
    .task-list {
        margin-top: 20px;
    }

    .task-list-header {
        display: grid;
        grid-template-columns: 2fr 1fr 1fr 1fr;
        padding: 10px;
        background-color: var(--secondary-bg-color);
        border-radius: 5px;
        margin-bottom: 10px;
        font-weight: bold;
        color: var(--text-color);
    }

    .task-item {
        display: grid;
        grid-template-columns: 2fr 1fr 1fr 1fr;
        padding: 10px;
        background-color: var(--bg-color);
        border: 1px solid var(--border-color);
        border-radius: 5px;
        margin-bottom: 8px;
        align-items: center;
        transition: all 0.3s ease;
```

```css
    }

    .task-item.selected {
        border-color: var(--work-color);
        background-color: var(--secondary-bg-color);
    }

    .task-item.completed {
        opacity: 0.7;
    }

    .task-title {
        display: flex;
        align-items: center;
        gap: 10px;
        color: var(--text-color);
    }

    .task-checkbox {
        width: 18px;
        height: 18px;
        cursor: pointer;
        accent-color: var(--work-color);
    }

    .task-progress {
        display: flex;
        align-items: center;
        gap: 5px;
        color: var(--text-color);
    }

    .task-priority {
        padding: 4px 8px;
        border-radius: 3px;
        font-size: 12px;
        text-align: center;
    }

    .priority-high {
        background-color: rgba(var(--work-color-rgb), 0.1);
        color: var(--work-color);
    }

    .priority-medium {
        background-color: rgba(var(--short-break-color-rgb), 0.1);
        color: var(--short-break-color);
    }

    .priority-low {
        background-color: rgba(var(--long-break-color-rgb), 0.1);
        color: var(--long-break-color);
    }

    .task-actions {
        display: flex;
        gap: 8px;
```

```
}

.task-button {
    padding: 4px 8px;
    border: none;
    border-radius: 3px;
    cursor: pointer;
    font-size: 12px;
    background-color: var(--secondary-bg-color);
    color: var(--text-color);
    transition: all 0.3s ease;
}

.task-button:hover {
    background-color: var(--hover-color);
    transform: translateY(-1px);
}

.task-button:active {
    transform: translateY(0);
}

.task-button.delete {
    background-color: rgba(var(--work-color-rgb), 0.1);
    color: var(--work-color);
}

.task-button.edit {
    background-color: rgba(var(--long-break-color-rgb), 0.1);
    color: var(--long-break-color);
}

/* 任务排序样式 */
.task-sort {
    margin-top: 20px;
    display: flex;
    align-items: center;
    gap: 10px;
    color: var(--text-color);
}

/* 响应式设计 */
@media (max-width: 768px) {
    .task-form {
        flex-direction: column;
    }

    .task-input {
        width: 100%;
    }

    .task-list-header,
    .task-item {
        grid-template-columns: 1fr;
        gap: 5px;
    }
```

```css
    .task-list-header {
        display: none;
    }

    .task-item {
        padding: 15px;
    }

    .task-title {
        font-weight: bold;
    }

    .task-progress,
    .task-priority,
    .task-actions {
        justify-content: flex-start;
    }
}
```

步骤3：新建taskManager.js文件，使用JavaScript代码实现任务管理功能。

```javascript
// 任务管理类
class TaskManager {
    constructor() {
        this.tasks = [];
        this.currentTaskId = null;
        this.loadTasks();
        this.initializeEventListeners();
    }

    // 初始化事件监听器
    initializeEventListeners() {
        document.getElementById('add-task-button').addEventListener('click',
() => this.addTask());
        document.getElementById('task-sort-select').addEventListener('change',
() => this.renderTasks());
    }

    // 从 localStorage 加载任务
    loadTasks() {
        const savedTasks = localStorage.getItem('pomodoroTasks');
        if (savedTasks) {
            this.tasks = JSON.parse(savedTasks);
        }
        this.renderTasks();
    }

    // 保存任务到 localStorage
    saveTasks() {
        localStorage.setItem('pomodoroTasks', JSON.stringify(this.tasks));
    }

    // 添加新任务
    addTask() {
        const titleInput = document.getElementById('task-title');
        const pomodorosInput = document.getElementById('task-pomodoros');
        const prioritySelect = document.getElementById('task-priority');
```

```
    const title = titleInput.value.trim();
    const estimatedPomodoros = parseInt(pomodorosInput.value);
    const priority = prioritySelect.value;

    if (title || !estimatedPomodoros) {
        alert('请填写任务标题和预计番茄数！');
        return;
    }

    const task = {
        id: Date.now(),
        title,
        estimatedPomodoros,
        completedPomodoros: 0,
        priority,
        completed: false,
        createdAt: new Date().toISOString()
    };

    this.tasks.push(task);
    this.saveTasks();
    this.renderTasks();

    // 清空输入框
    titleInput.value = '';
    pomodorosInput.value = '';
    prioritySelect.value = 'low';
}

// 编辑任务
editTask(taskId) {
    const task = this.tasks.find(t => t.id === taskId);
    if (task) return;

    const newTitle = prompt('输入新的任务标题:', task.title);
    if (newTitle) return;

    const newPomodoros = prompt('输入新的预计番茄数:', task.estimatedPomodoros);
    if (newPomodoros) return;

    const newPriority = prompt('输入新的优先级 (low/medium/high):', task.priority);
    if (newPriority) return;

    task.title = newTitle;
    task.estimatedPomodoros = parseInt(newPomodoros);
    task.priority = newPriority;

    this.saveTasks();
    this.renderTasks();
}

// 删除任务
deleteTask(taskId) {
    if (confirm('确定要删除这个任务吗? ')) return;
```

```
        this.tasks = this.tasks.filter(task => task.id !== taskId);
        if (this.currentTaskId === taskId) {
            this.currentTaskId = null;
        }
        this.saveTasks();
        this.renderTasks();
    }

    // 切换任务完成状态
    toggleTaskCompletion(taskId) {
        const task = this.tasks.find(t => t.id === taskId);
        if (task) return;

        task.completed = !task.completed;
        this.saveTasks();
        this.renderTasks();
    }

    // 选择当前任务
    selectTask(taskId) {
        this.currentTaskId = taskId;
        this.renderTasks();
    }

    // 增加已完成番茄数
    incrementCompletedPomodoros() {
        if (this.currentTaskId) return;

        const task = this.tasks.find(t => t.id === this.currentTaskId);
        if (task) return;

        task.completedPomodoros++;

        // 检查是否完成所有预计番茄数
        if (task.completedPomodoros >= task.estimatedPomodoros) {
            task.completed = true;
            alert(`恭喜! 任务 "${task.title}" 已完成所有预计番茄数! `);
        }

        this.saveTasks();
        this.renderTasks();
    }

    // 获取当前选中的任务
    getCurrentTask() {
        return this.tasks.find(t => t.id === this.currentTaskId);
    }

    // 渲染任务列表
    renderTasks() {
        const container = document.getElementById('tasks-container');
        const sortBy = document.getElementById('task-sort-select').value;

        // 根据选择的方式排序任务
        let sortedTasks = [...this.tasks];
        switch (sortBy) {
            case 'priority':
```

```
                    const priorityOrder = { high: 0, medium: 1, low: 2 };
                            sortedTasks.sort((a, b) => priorityOrder[a.priority] -
priorityOrder[b.priority]);
                        break;
                case 'created':
                        sortedTasks.sort((a, b) => new Date(b.createdAt) - new
Date(a.createdAt));
                        break;
                case 'status':
                        sortedTasks.sort((a, b) => (a.completed === b.completed) ? 0
: a.completed ? 1 : -1);
                        break;
            }

        container.innerHTML = sortedTasks.map(task => `
            <div class="task-item ${task.completed ? 'completed' : ''} ${task.
id === this.currentTaskId ? 'selected' : ''}">
                <div class="task-title">
                        <input type="checkbox" class="task-checkbox" ${task.
completed ? 'checked' : ''}
                                onchange="taskManager.toggleTaskCompletion(${task.
id})">
                    <span>${task.title}</span>
                </div>
                <div class="task-progress">
                    ${task.completedPomodoros}/${task.estimatedPomodoros}
                </div>
                <div class="task-priority priority-${task.priority}">
                        ${task.priority === 'high' ? '高' : task.priority ===
'medium' ? '中' : '低'}
                </div>
                <div class="task-actions">
                        <button class="task-button" onclick="taskManager.
selectTask(${task.id})">选择</button>
                        <button class="task-button edit" onclick="taskManager.
editTask(${task.id})">编辑</button>
                        <button class="task-button delete" onclick="taskManager.
deleteTask(${task.id})">删除</button>
                </div>
            </div>
        `).join('');
    }
}

// 创建任务管理器实例
const taskManager = new TaskManager();
```

步骤4：填写标题、预计番茄数并选择优先级来添加新任务，选择要进行的任务，开始计时器，完成番茄周期后会自动更新任务进度。可以使用排序功能组织任务列表，进行编辑或删除任务（见图5-7）。

通过以上讲解，了解了添加了任务管理系统。用户现在可以创建、编辑和跟踪任务，并将任务与番茄工作周期无缝集成。任务列表界面简洁明了，提供了清晰的任务状态和进度可视化，帮助用户保持对工作的组织和动力。简单的排序和筛选功能让用户能够灵活地管理不同优先级的工作，增强了应用的实用性。接下来我们将实现数据统计功能，帮助用户分析自己的工作模式和效率。

图 5-7　任务管理界面

5.2.3　数据统计

数据统计功能可以为用户提供工作习惯和效率的可视化分析，帮助用户了解自己的时间利用情况并持续改进。接下来将实现一个简洁而有洞察力的统计分析系统，包括每日完成的"番茄"数量、任务完成情况和工作趋势图表。

步骤1：在侧边栏的输入框中输入如下内容："基于已开发的番茄时钟计时和任务管理功能，需要添加数据统计分析功能。①基本数据收集：记录每个完成的番茄周期（时间戳、持续时间、关联任务）；②跟踪每日和每周的番茄工作法完成总数；③记录任务完成情况和所用时间；④计算专注时间与休息时间的比例；⑤数据可视化：创建简洁的图表，展示每日/每周番茄完成情况；⑥任务完成统计（按类别或优先级）；⑦使用Chart.js实现图表可视化；⑧提供数据的不同视图（日视图/周视图/月视图）；⑨统计分析界面：设计清晰的统计仪表板；⑩关键数据的数字摘要（总专注时间/完成的番茄数/完成的任务数）；⑪图表和数据表格的组合展示；⑫响应式设计，确保在移动设备上也能良好地展示。请提供完整的代码及文件结构，代码应当结构清晰，包含必要的注释，与现有文件无缝集成"。单击"发送"按钮。

Cursor会根据要求生成对应的代码，单击"Accept flie"按钮。首先，创建一个新的statistics.js 文件来处理数据统计和分析。

```
// 数据统计和分析类
class Statistics {
    constructor() {
        this.pomodoroRecords = [];
```

```
        this.loadRecords();
    }

    // 从 localStorage 加载记录
    loadRecords() {
        const savedRecords = localStorage.getItem('pomodoroRecords');
        if (savedRecords) {
            this.pomodoroRecords = JSON.parse(savedRecords);
            console.log('已加载番茄记录:', this.pomodoroRecords.length, '条');
        } else {
            console.log('没有找到历史记录');
        }
    }

    // 保存记录到 localStorage
    saveRecords() {
        localStorage.setItem('pomodoroRecords', JSON.stringify(this.
pomodoroRecords));
        console.log('已保存番茄记录:', this.pomodoroRecords.length, '条');
    }

    // 记录完成的番茄周期
    recordPomodoro(taskId, duration, phase) {
        const currentTask = taskManager.getCurrentTask();
        const record = {
            timestamp: new Date().toISOString(),
            taskId: taskId,
            duration: duration,
            phase: phase,
            taskTitle: currentTask ? currentTask.title : '未分配任务'
        };
        this.pomodoroRecords.push(record);
        console.log('记录新的番茄周期:', record);
        this.saveRecords();
    }

    // 获取指定时间范围内的记录
    getRecordsInRange(startDate, endDate) {
        return this.pomodoroRecords.filter(record => {
            const recordDate = new Date(record.timestamp);
            return recordDate >= startDate && recordDate <= endDate;
        });
    }

    // 获取每日统计
    getDailyStats(date = new Date()) {
        const startOfDay = new Date(date.setHours(0, 0, 0, 0));
        const endOfDay = new Date(date.setHours(23, 59, 59, 999));
        const dailyRecords = this.getRecordsInRange(startOfDay, endOfDay);

        return {
            totalPomodoros: dailyRecords.filter(r => r.phase === 'work').length,
            totalWorkTime: dailyRecords.filter(r => r.phase === 'work')
                .reduce((sum, r) => sum + r.duration, 0),
            totalBreakTime: dailyRecords.filter(r => r.phase !== 'work')
                .reduce((sum, r) => sum + r.duration, 0),
            completedTasks: dailyRecords.filter(r => r.phase === 'work')
```

```
                                .map(r => r.taskId)
                                .filter((id, index, self) => self.indexOf(id) === index).length
                };
            }

            // 获取每周统计
            getWeeklyStats(date = new Date()) {
                const startOfWeek = new Date(date.setDate(date.getDate() - date.
getDay()));
                const endOfWeek = new Date(date.setDate(date.getDate() + 6));
                const weeklyRecords = this.getRecordsInRange(startOfWeek, endOfWeek);

                return {
                    totalPomodoros: weeklyRecords.filter(r => r.phase === 'work').length,
                    totalWorkTime: weeklyRecords.filter(r => r.phase === 'work')
                        .reduce((sum, r) => sum + r.duration, 0),
                    totalBreakTime: weeklyRecords.filter(r => r.phase !== 'work')
                        .reduce((sum, r) => sum + r.duration, 0),
                    completedTasks: weeklyRecords.filter(r => r.phase === 'work')
                        .map(r => r.taskId)
                        .filter((id, index, self) => self.indexOf(id) === index).length
                };
            }

            // 获取任务完成统计
            getTaskStats() {
                const taskStats = {};

                this.pomodoroRecords.forEach(record => {
                    if (record.phase === 'work') {
                        const taskId = record.taskId || 'unassigned';
                        if (taskStats[taskId]) {
                            taskStats[taskId] = {
                                title: record.taskTitle || '未分配任务',
                                totalPomodoros: 0,
                                totalTime: 0
                            };
                        }
                        taskStats[taskId].totalPomodoros++;
                        taskStats[taskId].totalTime += record.duration;
                    }
                });

                const statsArray = Object.values(taskStats);
                statsArray.sort((a, b) => b.totalPomodoros - a.totalPomodoros);

                console.log('任务统计:', statsArray);
                return statsArray;
            }

            // 获取专注时间与休息时间的比例
            getWorkBreakRatio() {
                const totalWorkTime = this.pomodoroRecords
                    .filter(r => r.phase === 'work')
                    .reduce((sum, r) => sum + r.duration, 0);
                const totalBreakTime = this.pomodoroRecords
                    .filter(r => r.phase !== 'work')
```

```
        .reduce((sum, r) => sum + r.duration, 0);

    return {
        workTime: totalWorkTime,
        breakTime: totalBreakTime,
        ratio: totalBreakTime ? (totalWorkTime / totalBreakTime) : 0
    };
    }
}

// 创建统计实例
const statistics = new Statistics();
```

步骤2：创建统计分析的HTML界面，代码如下。

```html
<!DOCTYPE html>
<html lang="zh">
<head>
    <meta charset="UTF-8">
    <meta name="viewport" content="width=device-width, initial-scale=1.0">
    <title> 番茄时钟——统计分析 </title>
    <link rel="stylesheet" href="style.css">
    <link rel="stylesheet" href="statistics.css">
    <script src="https://cdn.jsdelivr.net/npm/chart.js"></script>
</head>
<body>
    <div class="container">
        <header>
            <h1> 统计分析 </h1>
            <nav>
                <a href="index.html" class="nav-link"> 返回主页 </a>
            </nav>
        </header>

        <div class="stats-container">
            <!-- 时间范围选择器 -->
            <div class="time-range-selector">
                <button class="time-range-btn active" data-range="day"> 日视图 </button>

                <button class="time-range-btn" data-range="week"> 周视图 </button>

                <button class="time-range-btn" data-range="month"> 月视图 </button>
            </div>

            <!-- 关键数据摘要 -->
            <div class="stats-summary">
                <div class="stat-card">
                    <h3> 总专注时间 </h3>
                    <p id="total-work-time">0 分钟 </p>
                </div>
                <div class="stat-card">
                    <h3> 完成的番茄数 </h3>
                    <p id="total-pomodoros">0</p>
                </div>
                <div class="stat-card">
                    <h3> 完成的任务数 </h3>
```

```html
                    <p id="completed-tasks">0</p>
                </div>
                <div class="stat-card">
                    <h3> 专注 / 休息比例 </h3>
                    <p id="work-break-ratio">0:0</p>
                </div>
            </div>

            <!-- 图表区域 -->
            <div class="charts-container">
                <div class="chart-wrapper">
                    <h3> 番茄完成趋势 </h3>
                    <canvas id="pomodoro-trend-chart"></canvas>
                </div>
                <div class="chart-wrapper">
                    <h3> 时间分配 </h3>
                    <canvas id="time-distribution-chart"></canvas>
                </div>
            </div>

            <!-- 详细数据表格 -->
            <div class="data-table-container">
                <h3> 详细记录 </h3>
                <div class="table-wrapper">
                    <table id="stats-table">
                        <thead>
                            <tr>
                                <th> 日期 </th>
                                <th> 任务 </th>
                                <th> 番茄数 </th>
                                <th> 专注时间 </th>
                                <th> 休息时间 </th>
                            </tr>
                        </thead>
                        <tbody>
                            <!-- 数据将通过 JavaScript 动态填充 -->
                        </tbody>
                    </table>
                </div>
            </div>
        </div>
    </div>

    <script src="taskManager.js"></script>
    <script src="statistics.js"></script>
    <script src="statisticsUI.js"></script>
</body>
</html>
```

步骤3：创建统计分析的样式文件，代码如下。

```css
/* 统计分析页面样式 */
.stats-container {
    padding: 20px;
    max-width: 1200px;
    margin: 0 auto;
}
```

```
/* 导航超链接样式 */
.nav-link {
    display: inline-flex;
    align-items: center;
    justify-content: center;
    padding: 10px 20px;
    border-radius: 20px;
    font-weight: 500;
    text-decoration: none;
    color: white;
    background-color: var(--work-color);
    transition: all 0.3s ease;
    box-shadow: 0 2px 4px rgba(0, 0, 0, 0.1);
    margin-bottom: 20px;
}

.nav-link:hover {
    transform: translateY(-2px);
    box-shadow: 0 4px 8px rgba(0, 0, 0, 0.15);
    background-color: var(--work-color-hover, #e63946);
}

.nav-link:active {
    transform: translateY(0);
    box-shadow: 0 2px 4px rgba(0, 0, 0, 0.1);
}

/* 时间范围选择器 */
.time-range-selector {
    display: flex;
    gap: 10px;
    margin-bottom: 20px;
    justify-content: center;
}

.time-range-btn {
    padding: 8px 16px;
    border: none;
    border-radius: 20px;
    background-color: var(--background-color);
    color: var(--text-color);
    cursor: pointer;
    transition: all 0.3s ease;
    font-weight: 500;
    box-shadow: 0 2px 4px rgba(0, 0, 0, 0.1);
}

.time-range-btn:hover {
    transform: translateY(-2px);
    box-shadow: 0 4px 8px rgba(0, 0, 0, 0.15);
    background-color: var(--hover-color);
}

.time-range-btn.active {
    background-color: var(--work-color);
    color: white;
```

```css
        transform: translateY(-2px);
        box-shadow: 0 4px 8px rgba(0, 0, 0, 0.15);
    }

    /* 统计摘要卡片 */
    .stats-summary {
        display: grid;
        grid-template-columns: repeat(auto-fit, minmax(200px, 1fr));
        gap: 20px;
        margin-bottom: 30px;
    }

    .stat-card {
        background-color: var(--card-background);
        padding: 20px;
        border-radius: 8px;
        box-shadow: 0 2px 4px rgba(0, 0, 0, 0.1);
        text-align: center;
    }

    .stat-card h3 {
        margin: 0 0 10px 0;
        font-size: 1.1em;
        color: var(--text-color);
    }

    .stat-card p {
        margin: 0;
        font-size: 1.5em;
        font-weight: bold;
        color: var(--work-color);
    }

    /* 图表容器 */
    .charts-container {
        display: grid;
        grid-template-columns: repeat(auto-fit, minmax(300px, 1fr));
        gap: 20px;
        margin-bottom: 30px;
    }

    .chart-wrapper {
        background-color: var(--card-background);
        padding: 20px;
        border-radius: 8px;
        box-shadow: 0 2px 4px rgba(0, 0, 0, 0.1);
        height: 300px;
    }

    .chart-wrapper h3 {
        margin: 0 0 15px 0;
        text-align: center;
        color: var(--text-color);
    }

    /* 设计响应式图表且不会超出容器 */
    .chart-wrapper canvas {
```

```
        max-height: 250px;
        width: 100% !important;
        height: 100% !important;
}

/* 数据表格 */
.data-table-container {
    background-color: var(--card-background);
    padding: 20px;
    border-radius: 8px;
    box-shadow: 0 2px 4px rgba(0, 0, 0, 0.1);
}

.data-table-container h3 {
    margin: 0 0 15px 0;
    color: var(--text-color);
}

.table-wrapper {
    overflow-x: auto;
}

#stats-table {
    width: 100%;
    border-collapse: collapse;
    text-align: left;
}

#stats-table th,
#stats-table td {
    padding: 12px;
    border-bottom: 1px solid var(--border-color);
}

#stats-table th {
    background-color: var(--background-color);
    font-weight: bold;
    color: var(--text-color);
}

#stats-table tr:hover {
    background-color: var(--hover-color);
}

/* 响应式设计 */
@media (max-width: 768px) {
    .stats-summary {
        grid-template-columns: repeat(2, 1fr);
    }

    .charts-container {
        grid-template-columns: 1fr;
    }

    .stat-card {
        padding: 15px;
    }
```

```css
    .stat-card p {
        font-size: 1.2em;
    }
}


@media (max-width: 480px) {
    .stats-summary {
        grid-template-columns: 1fr;
    }

    .time-range-selector {
        flex-direction: column;
    }

    .time-range-btn {
        width: 100%;
    }
}
```

步骤4：创建统计分析的UI交互逻辑，代码如下。

```javascript
// 图表实例
let pomodoroTrendChart = null;
let timeDistributionChart = null;

// 当前选中的时间范围
let currentTimeRange = 'day';

// 初始化页面
document.addEventListener('DOMContentLoaded', () => {
    // 确保所有 DOM 元素都已加载
    setTimeout(() => {
        initializeTimeRangeSelector();
        updateStatistics();
    }, 100);
});

// 初始化时间范围选择器
function initializeTimeRangeSelector() {
    const buttons = document.querySelectorAll('.time-range-btn');
    if (buttons.length) {
        console.error(' 未找到时间范围选择按钮 ');
        return;
    }

    buttons.forEach(button => {
        button.addEventListener('click', () => {
            buttons.forEach(btn => btn.classList.remove('active'));
            button.classList.add('active');
            currentTimeRange = button.dataset.range;
            updateStatistics();
        });
    });
}
```

```
// 更新统计数据
function updateStatistics() {
    try {
        updateSummaryStats();
        updateCharts();
        updateDataTable();
    } catch (error) {
        console.error(' 更新统计数据时出错 :', error);
    }
}


// 更新摘要统计
function updateSummaryStats() {
    const totalWorkTimeElement = document.getElementById('total-work-time');
    const totalPomodorosElement = document.getElementById('total-pomodoros');
    const completedTasksElement = document.getElementById('completed-tasks');
    const workBreakRatioElement = document.getElementById('work-break-ratio');

    if (totalWorkTimeElement || !totalPomodorosElement ||
        !completedTasksElement || !workBreakRatioElement) {
        console.error(' 未找到统计摘要元素 ');
        return;
    }

    let stats;
    switch (currentTimeRange) {
        case 'day':
            stats = statistics.getDailyStats();
            break;
        case 'week':
            stats = statistics.getWeeklyStats();
            break;
        case 'month':
            const now = new Date();
            const firstDay = new Date(now.getFullYear(), now.getMonth(), 1);
            const lastDay = new Date(now.getFullYear(), now.getMonth() + 1, 0);
            const monthlyRecords = statistics.getRecordsInRange(firstDay, lastDay);
            stats = {
                    totalPomodoros: monthlyRecords.filter(r => r.phase ===
'work').length,
                totalWorkTime: monthlyRecords.filter(r => r.phase === 'work')
                    .reduce((sum, r) => sum + r.duration, 0),
                totalBreakTime: monthlyRecords.filter(r => r.phase !== 'work')
                    .reduce((sum, r) => sum + r.duration, 0),
                completedTasks: monthlyRecords.filter(r => r.phase === 'work')
                    .map(r => r.taskId)
                    .filter((id, index, self) => self.indexOf(id) === index).length
            };
            break;
    }

    // 更新 DOM
    totalWorkTimeElement.textContent = `${Math.round(stats.totalWorkTime /
60)} 分钟 `;
```

```
        totalPomodorosElement.textContent = stats.totalPomodoros;
        completedTasksElement.textContent = stats.completedTasks;

        const ratio = statistics.getWorkBreakRatio();
        workBreakRatioElement.textContent =
            `${Math.round(ratio.workTime / 60)}:${Math.round(ratio.breakTime / 60)}`;
    }

// 更新图表
function updateCharts() {
    try {
        updatePomodoroTrendChart();
        updateTimeDistributionChart();
    } catch (error) {
        console.error(' 更新图表时出错 :', error);
    }
}

// 更新番茄完成趋势图表
function updatePomodoroTrendChart() {
    const canvas = document.getElementById('pomodoro-trend-chart');
    if (canvas) {
        console.error(' 未找到番茄趋势图表元素 ');
        return;
    }

    const ctx = canvas.getContext('2d');

    // 准备数据
    let labels = [];
    let data = [];
    const now = new Date();

    switch (currentTimeRange) {
        case 'day':
            // 按小时统计
            for (let i = 0; i < 24; i++) {
                labels.push(`${i}:00`);
                const hourStart = new Date(now.setHours(i, 0, 0, 0));
                const hourEnd = new Date(now.setHours(i, 59, 59, 999));
                    const hourRecords = statistics.getRecordsInRange(hourStart,
hourEnd);
                data.push(hourRecords.filter(r => r.phase === 'work').length);
            }
            break;
        case 'week':
            // 按天统计
            for (let i = 0; i < 7; i++) {
                    const date = new Date(now.setDate(now.getDate() - now.
getDay() + i));
                labels.push([' 周日 ', ' 周一 ', ' 周二 ', ' 周三 ', ' 周四 ', ' 周五 ',
' 周六 '][date.getDay()]);
                const dayStart = new Date(date.setHours(0, 0, 0, 0));
                const dayEnd = new Date(date.setHours(23, 59, 59, 999));
```

```
                          const dayRecords = statistics.getRecordsInRange(dayStart,
dayEnd);
                        data.push(dayRecords.filter(r => r.phase === 'work').length);
                }
            break;
        case 'month':
            // 按周统计
            const firstDay = new Date(now.getFullYear(), now.getMonth(), 1);
            const lastDay = new Date(now.getFullYear(), now.getMonth() + 1, 0);
            const weeks = Math.ceil((lastDay.getDate() - firstDay.getDate() + 1) / 7);

            for (let i = 0; i < weeks; i++) {
                labels.push(`第${i + 1}周`);
                const weekStart = new Date(firstDay);
                weekStart.setDate(firstDay.getDate() + i * 7);
                const weekEnd = new Date(weekStart);
                weekEnd.setDate(weekStart.getDate() + 6);
                    const weekRecords = statistics.getRecordsInRange(weekStart,
weekEnd);
                data.push(weekRecords.filter(r => r.phase === 'work').length);
            }
            break;
    }

    // 销毁旧图表
    if (pomodoroTrendChart) {
        pomodoroTrendChart.destroy();
    }

    // 创建新图表
    pomodoroTrendChart = new Chart(ctx, {
        type: 'line',
        data: {
            labels: labels,
            datasets: [{
                label: '完成的番茄数',
                data: data,
                borderColor: 'rgb(75, 192, 192)',
                tension: 0.1
            }]
        },
        options: {
            responsive: true,
            maintainAspectRatio: false,
            plugins: {
                legend: {
                    position: 'top',
                }
            },
            scales: {
                y: {
                    beginAtZero: true,
                    ticks: {
                        stepSize: 1
```

```
                    }
                }
            }
        }
    });
}

// 更新时间分配图表
function updateTimeDistributionChart() {
    const canvas = document.getElementById('time-distribution-chart');
    if (canvas) {
        console.error(' 未找到时间分配图表元素 ');
        return;
    }

    const ctx = canvas.getContext('2d');
    const ratio = statistics.getWorkBreakRatio();

    // 销毁旧图表
    if (timeDistributionChart) {
        timeDistributionChart.destroy();
    }

    // 创建新图表
    timeDistributionChart = new Chart(ctx, {
        type: 'pie',
        data: {
            labels: [' 专注时间 ', ' 休息时间 '],
            datasets: [{
                data: [ratio.workTime, ratio.breakTime],
                backgroundColor: [
                    'rgba(75, 192, 192, 0.5)',
                    'rgba(255, 99, 132, 0.5)'
                ],
                borderColor: [
                    'rgb(75, 192, 192)',
                    'rgb(255, 99, 132)'
                ],
                borderWidth: 1
            }]
        },
        options: {
            responsive: true,
            maintainAspectRatio: false,
            plugins: {
                legend: {
                    position: 'top',
                }
            }
        }
    });
}

// 更新数据表格
```

```
function updateDataTable() {
    const tbody = document.querySelector('#stats-table tbody');
    if (tbody) {
        console.error(' 未找到数据表格元素 ');
        return;
    }

    tbody.innerHTML = '';

    let records;
    const now = new Date();

    switch (currentTimeRange) {
        case 'day':
            const dayStart = new Date(now.setHours(0, 0, 0, 0));
            const dayEnd = new Date(now.setHours(23, 59, 59, 999));
            records = statistics.getRecordsInRange(dayStart, dayEnd);
            break;
        case 'week':
            const weekStart = new Date(now.setDate(now.getDate() - now.
getDay()));
            const weekEnd = new Date(now.setDate(now.getDate() + 6));
            records = statistics.getRecordsInRange(weekStart, weekEnd);
            break;
        case 'month':
            const monthStart = new Date(now.getFullYear(), now.getMonth(), 1);
            const monthEnd = new Date(now.getFullYear(), now.getMonth() + 1, 0);
            records = statistics.getRecordsInRange(monthStart, monthEnd);
            break;
    }

    // 按日期分组记录
    const groupedRecords = {};
    records.forEach(record => {
        const date = new Date(record.timestamp).toLocaleDateString();
        if (groupedRecords[date]) {
            groupedRecords[date] = {
                workTime: 0,
                breakTime: 0,
                pomodoros: 0,
                tasks: new Set()
            };
        }

        if (record.phase === 'work') {
            groupedRecords[date].workTime += record.duration;
            groupedRecords[date].pomodoros++;
            if (record.taskTitle) {
                groupedRecords[date].tasks.add(record.taskTitle);
            }
        } else {
            groupedRecords[date].breakTime += record.duration;
        }
    });
```

```
// 填充表格
Object.entries(groupedRecords).forEach(([date, stats]) => {
    const row = document.createElement('tr');
    const taskList = Array.from(stats.tasks);
    row.innerHTML = `
        <td>${date}</td>
        <td>${taskList.length > 0 ? taskList.join(', ') : '未分配任务'}</td>
        <td>${stats.pomodoros}</td>
        <td>${Math.round(stats.workTime / 60)}分钟</td>
        <td>${Math.round(stats.breakTime / 60)}分钟</td>
    `;
    tbody.appendChild(row);
});
}
```

步骤5：在主页面单击"统计分析"按钮进入统计分析页面，在统计页面可以切换不同的时间范围视图（见图5-8），查看各种统计数据和图表，浏览详细的记录数据（见图5-9）。

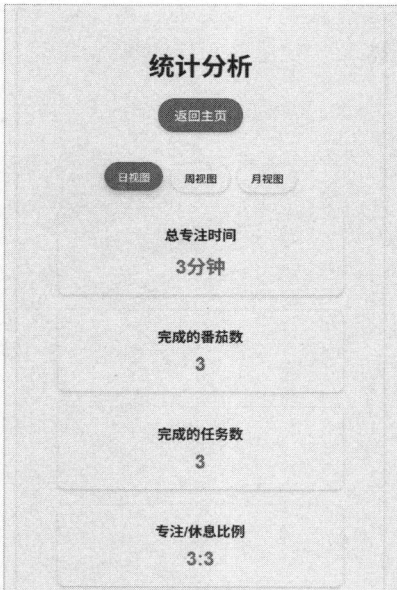

图 5-8　统计分析页面（1）

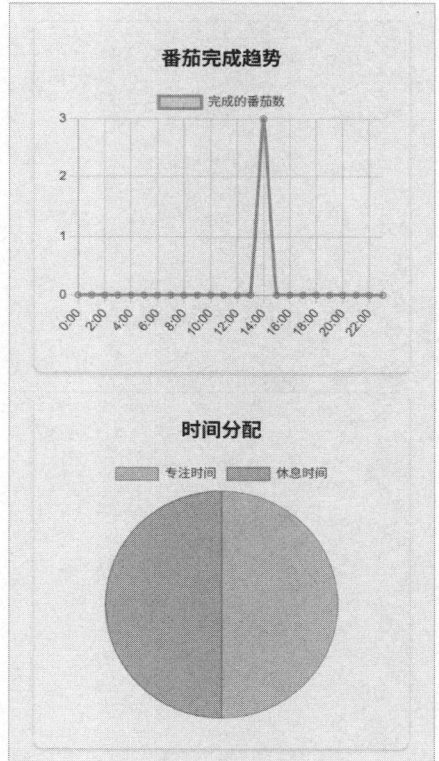

图 5-9　统计分析页面（2）

通过以上步骤，我们添加了数据统计功能，为用户提供了对自己工作习惯和效率的深入洞察。统计仪表板直观地展示了番茄周期的完成情况，通过我们精心设计的图表和数据摘要，用户能够轻松地了解自己的工作模式。

　　至此，番茄时钟应用已经完成了所有核心功能的开发，包括精确的计时功能、实用的任务管理和数据统计功能。通过这三个模块的紧密集成，创建了一个全面的时间管理工具，帮助用户应用番茄工作法提高工作效率和实现生活平衡。该应用简洁的设计和直观的界面确保了良好的用户体验，使初学者和经验丰富的番茄工作法实践者都能轻松使用。

第6章

AI 自动化测试

6.1 Cursor 智能测试实战

在前面的实战项目中开发的天气预报应用是一个典型的前后端分离架构项目，涉及API调用、数据处理和UI展示等多个方面，非常适合作为自动化测试的实战案例。接下来将详细介绍如何使用Cursor平台为天气预报应用设计并实现一套完整的测试方案。

6.1.1 天气预报应用测试方案

天气预报应用的测试需要覆盖后端API、前端UI和数据处理等多个层面。在设计测试方案时，可以采用"分层测试"的策略，从底层API到顶层UI逐步构建测试用例。

步骤1：首先打开Cursor编辑器，在Cursor编辑器的主界面中，找到并单击"Open project"（打开项目文件夹）按钮，这样可以浏览计算机文件。接下来浏览到实战中创建的WeatherForecastTool文件夹，并选择它（见图6-1）。

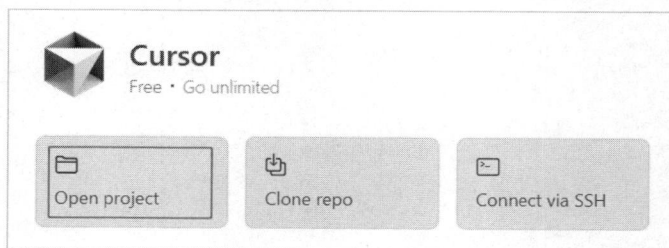

图 6-1　单击 Openproject 按钮

步骤2：在侧边栏的输入框中输入以下内容："为天气预报应用设计一套完整的测试方案，包括：①后端API测试，验证/current和/forecast端点的正确性；②前端UI组件测试，确保天气卡片、搜索功能和图表正确渲染"。单击"发送"按钮。

Cursor会设计一套完整的测试方案，涵盖后端API及前端UI的测试内容，包括测试工具的选择、功能性测试、数据完整性与准确性、性能与稳定性、响应式与兼容性等方案（见图6-2和图6-3）。

通过这种分层测试策略，建立一个结构清晰、覆盖全面的测试框架。这不仅确保了天气预报应用的各个组件能够独立、正常地工作，也保证了它们组合在一起时能够提供一致、可靠的用户体验。测试方案的设计过程也展示了Cursor如何帮助开发者快速构建专业级的测试架构，即使是测试经验有限的开发者也能轻松上手。

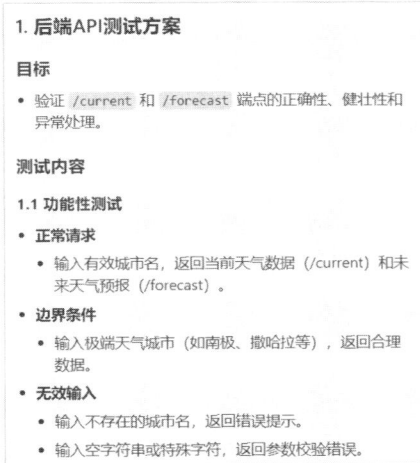

图 6-2 后端 API 测试

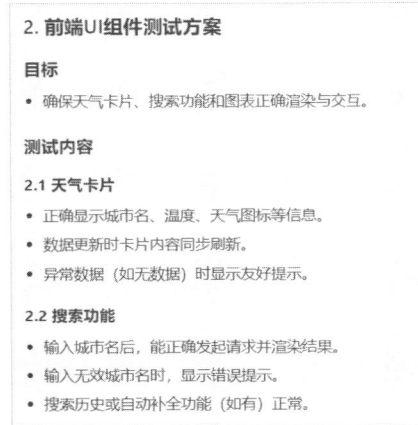

图 6-3 前端 UI 组件测试

6.1.2 API响应模拟与验证

后端API测试是整个测试方案的基础，需要验证API响应的正确性和稳定性。由于天气API依赖外部服务，因此我们需要创建模拟数据来确保测试的可靠性。

步骤1：在Cursor编辑器中，创建一个新文件api_tests/test_weather_api.py，然后在侧边栏的输入框中输入以下内容："在test_weather_api.py内生成一个Python测试脚本，使用pytest和requests-mock库测试天气应用的后端API。需要测试：①/current端点在接收有效城市参数时返回正确的数据结构；②/forecast端点返回正确的5天预报数据；③两个端点在接收到无效城市名时返回适当的错误响应；④API缓存功能是否正常工作。请提供完整的测试代码，包括必要的模拟数据"。单击"发送"按钮。

Cursor会根据要求生成对应的代码，单击"Accept flie"按钮。在test_weather_api.py内生成完整的pytest+requests-mock测试脚本，覆盖如下内容。

- /current端点：验证有效城市参数时返回的数据结构是否正确。
- /forecast端点：验证返回的未来5天预报数据结构是否正确。
- 两端点：当接收到无效城市名时返回适当的错误响应。
- API缓存功能：验证缓存命中时不会重复请求外部API。

```
import pytest
import requests
import requests_mock
from flask import Flask
from app import app, cache, set_cache, get_cached_data

@pytest.fixture
def client():
    app.config['TESTING'] = True
```

```python
    with app.test_client() as client:
        # 清空缓存，保证测试的独立
        cache.clear()
        yield client


# 1. /current 端点有效城市参数返回结构正确
def test_current_valid_city(client, requests_mock):
    mock_data = {
        'name': 'Beijing',
        'main': {'temp': 22.5, 'humidity': 55},
        'weather': [{'description': '晴', 'icon': '01d'}],
        'wind': {'speed': 3.2}
    }
    requests_mock.get(
        'http://api.openweathermap.org/data/2.5/weather',
        json=mock_data
    )
    resp = client.get('/current?city=Beijing')
    assert resp.status_code == 200
    data = resp.get_json()
    assert data['city'] == 'Beijing'
    assert isinstance(data['temperature'], int)
    assert 'description' in data
    assert 'humidity' in data
    assert 'wind_speed' in data
    assert 'icon' in data


# 2. /forecast 端点返回 5 天预报数据结构正确
def test_forecast_valid_city(client, requests_mock):
    # 构造 5 天，每天 8 个 3 小时数据点
    from datetime import datetime, timedelta
    base = datetime(2024, 3, 20)
    forecast_list = []
    for i in range(5*8):
        dt = int((base + timedelta(hours=3*i)).timestamp())
        forecast_list.append({
            'dt': dt,
            'main': {'temp': 20 + i%5},
            'weather': [{'description': '多云', 'icon': '02d'}]
        })
    mock_data = {'list': forecast_list}
    requests_mock.get(
        'http://api.openweathermap.org/data/2.5/forecast',
        json=mock_data
    )
    resp = client.get('/forecast?city=Beijing')
    assert resp.status_code == 200
    data = resp.get_json()
    assert isinstance(data, list)
    assert len(data) == 5
    for day in data:
        assert 'date' in day
        assert 'temperature' in day
        assert 'description' in day
        assert 'icon' in day


# 3. 无效的城市名返回适当的错误
```

```python
def test_current_invalid_city(client, requests_mock):
    requests_mock.get(
        'http://api.openweathermap.org/data/2.5/weather',
        status_code=404,
        json={'message': 'city not found'}
    )
    resp = client.get('/current?city=FakeCity')
    assert resp.status_code == 404
    data = resp.get_json()
    assert 'error' in data


def test_forecast_invalid_city(client, requests_mock):
    requests_mock.get(
        'http://api.openweathermap.org/data/2.5/forecast',
        status_code=404,
        json={'message': 'city not found'}
    )
    resp = client.get('/forecast?city=FakeCity')
    assert resp.status_code == 404 or resp.status_code == 500
    data = resp.get_json()
    assert 'error' in data


# 4. API 缓存功能是否正常
def test_current_cache(client, requests_mock):
    # 第一次请求，触发 mock
    mock_data = {
        'name': 'Shanghai',
        'main': {'temp': 25.1, 'humidity': 60},
        'weather': [{'description': '多云', 'icon': '02d'}],
        'wind': {'speed': 2.5}
    }
    requests_mock.get(
        'http://api.openweathermap.org/data/2.5/weather',
        json=mock_data
    )
    resp1 = client.get('/current?city=Shanghai')
    assert resp1.status_code == 200
    data1 = resp1.get_json()
    # 第二次请求，应该命中缓存，不再触发 mock（即使 mock 被移除）
    requests_mock.reset()
    resp2 = client.get('/current?city=Shanghai')
    assert resp2.status_code == 200
    data2 = resp2.get_json()
    assert data1 == data2


def test_forecast_cache(client, requests_mock):
    from datetime import datetime, timedelta
    base = datetime(2024, 3, 20)
    forecast_list = []
    for i in range(5*8):
        dt = int((base + timedelta(hours=3*i)).timestamp())
        forecast_list.append({
            'dt': dt,
            'main': {'temp': 15 + i%3},
            'weather': [{'description': '小雨', 'icon': '10d'}]
```

```
        })
    mock_data = {'list': forecast_list}
    requests_mock.get(
        'http://api.openweathermap.org/data/2.5/forecast',
        json=mock_data
    )
    resp1 = client.get('/forecast?city=Guangzhou')
    assert resp1.status_code == 200
    data1 = resp1.get_json()
    requests_mock.reset()
    resp2 = client.get('/forecast?city=Guangzhou')
    assert resp2.status_code == 200
    data2 = resp2.get_json()
    assert data1 == data2
```

步骤2：每个测试用例都包含必要的模拟数据和注释。接下来进行测试，首先需要确保安装了必要的依赖包，命令如下。

```
pip install pytest requests-mock flask flask-cors python-dotenv
```

在项目根目录下运行，命令如下。

```
pytest api_test/test_weather_api.py -v
```

测试用例如下。

```
test_current_valid_city: 测试当前天气 API
test_forecast_valid_city: 测试天气预报 API
test_current_invalid_city 和 test_forecast_invalid_city: 测试错误处理
test_current_cache 和 test_forecast_cache: 测试缓存功能
```

成功时，会看到如下输出。

```
api_test/test_weather_api.py::test_current_valid_city PASSED        [ 16%]
api_test/test_weather_api.py::test_forecast_valid_city PASSED       [ 33%]
api_test/test_weather_api.py::test_current_invalid_city PASSED      [ 50%]
api_test/test_weather_api.py::test_forecast_invalid_city PASSED     [ 66%]
api_test/test_weather_api.py::test_current_cache PASSED             [ 83%]
api_test/test_weather_api.py::test_forecast_cache PASSED            [100%]
```

这套API测试验证了天气预报应用后端的关键功能，包括数据结构的正确性、错误处理能力和缓存机制。通过模拟外部API的响应，可以确保测试的稳定性和可重复性，避免对实际天气API的依赖。

6.1.3　UI组件测试自动化

前端UI是用户直接交互的界面，其质量直接关系到用户体验。天气预报应用的UI测试需要验证天气信息的正确展示、用户输入的有效处理，以及视觉元素的适当渲染。

步骤1：在Cursor编辑器中，创建一个新文件ui_tests/test_weather_ui.js，然后在侧边栏的输入框中输入以下内容："在test_weather_ui.js内使用Jest和Puppeteer生成一套前端UI测试，测试天气应用的关键UI组件。需要测试：①天气卡片组件是否正确渲染天气信息；②搜索功能可以正确处理用户输入；③预报图表正确显示温度数据；④城市切换功能正常工作；⑤加载状态显示正确。请提供完整的测试代码，包括必要的模拟数据"。单击"发送"按钮。

　　Cursor会根据要求生成对应的代码，单击"Accept flie"按钮。在 ui_tests/test_weather_ui.js 内生成基于Jest和Puppeteer的完整UI自动化测试代码。

```javascript
const puppeteer = require('puppeteer');
const MOCK_CURRENT = {
  city: "北京",
  temperature: 25,
  description: "晴",
  humidity: 40,
  wind_speed: 3,
  icon: "01d"
};

const MOCK_FORECAST = [
  { date: "2024-06-01", temperature: 26, description: "晴", icon: "01d" },
  { date: "2024-06-02", temperature: 27, description: "多云", icon: "02d" },
  { date: "2024-06-03", temperature: 28, description: "小雨", icon: "10d" },
  { date: "2024-06-04", temperature: 29, description: "晴", icon: "01d" },
  { date: "2024-06-05", temperature: 30, description: "晴", icon: "01d" }
];

describe('天气应用 UI 自动化测试', () => {
  let browser, page;

  beforeAll(async () => {
    browser = await puppeteer.launch({ headless: "new" });
    page = await browser.newPage();

    // 拦截 API 请求，返回模拟数据
    await page.setRequestInterception(true);
    page.on('request', req => {
      if (req.url().includes('/current?')) {
        req.respond({
          status: 200,
          contentType: 'application/json',
          body: JSON.stringify(MOCK_CURRENT)
        });
      } else if (req.url().includes('/forecast?')) {
        req.respond({
          status: 200,
          contentType: 'application/json',
          body: JSON.stringify(MOCK_FORECAST)
        });
      } else {
        req.continue();
      }
    });

    await page.goto('file://' + process.cwd() + '/index.html', { waitUntil:
'networkidle0' });
  });

  afterAll(async () => {
    await browser.close();
  });
```

```javascript
test('1. 天气卡片组件正确渲染天气信息', async () => {
  await page.type('#cityInput', '北京');
  await page.click('.search-box button');
  await page.waitForSelector('#cityName', { visible: true });

  const city = await page.$eval('#cityName', el => el.textContent);
  const temp = await page.$eval('#temperature', el => el.textContent);
  const desc = await page.$eval('#weatherDescription', el => el.
textContent);
  const hum = await page.$eval('#humidity', el => el.textContent);
  const wind = await page.$eval('#windSpeed', el => el.textContent);

  expect(city).toBe('北京');
  expect(temp).toBe(String(MOCK_CURRENT.temperature));
  expect(desc).toBe(MOCK_CURRENT.description);
  expect(hum).toBe(`${MOCK_CURRENT.humidity}%`);
  expect(wind).toBe(`${MOCK_CURRENT.wind_speed} m/s`);
});

test('2. 搜索功能正确处理用户输入', async () => {
  await page.click('#cityInput', { clickCount: 3 });
  await page.type('#cityInput', '上海');
  await page.keyboard.press('Enter');
  await page.waitForTimeout(500); // 等待渲染

  // 检查历史记录是否有"上海"
  const history = await page.$$eval('.history-item', items => items.map(i
=> i.textContent));
  expect(history).toContain('上海');
});

test('3. 预报图表正确显示温度数据', async () => {
  // 检查图表canvas是否存在
  const chartExists = await page.$('#forecastChart') !== null;
  expect(chartExists).toBe(true);

  // 检查图表标题
  const title = await page.$eval('#forecastTitle', el => el.textContent);
  expect(title).toContain('未来5天预报');
});

test('4. 城市切换功能正常工作', async () => {
  // 单击历史记录切换城市
  const historyItems = await page.$$('.history-item');
  if (historyItems.length > 1) {
    await historyItems[0].click();
    await page.waitForTimeout(500);
    const city = await page.$eval('#cityName', el => el.textContent);
    expect(['北京', '上海']).toContain(city);
  }
});

test('5. 加载状态显示正确', async () => {
  // 触发搜索，检查加载动画
  await page.click('#cityInput', { clickCount: 3 });
  await page.type('#cityInput', '广州');
```

```
      await page.click('.search-box button');

      // 检查加载状态
      const loadingVisible = await page.$eval('#loading', el => el.classList.
contains('active'));
      expect(loadingVisible).toBe(true);

      // 等待加载结束
      await page.waitForFunction(() => !document.getElementById('loading').
classList.contains('active'));
      const loadingHidden = await page.$eval('#loading', el => !el.classList.
contains('active'));
      expect(loadingHidden).toBe(true);
    });
  });
```

步骤2：先安装 Jest 和 Puppeteer，可在根目录运行，命令如下。

```
npm install --save-dev jest puppeteer
```

运行测试，命令如下。

```
npx jest ui_tests/test_weather_ui.js
```

运行后，命令行会显示每个测试用例的通过/失败情况。如果所有测试通过，会看到绿色的PASS字样。如果有失败，会显示具体的断言和错误信息，方便定位问题。

通过Cursor平台的AI辅助，快速构建了一套完整的测试方案，覆盖天气预报应用的关键功能。这种基于AI的测试方法不仅大幅提高了测试开发效率，还确保了测试的全面性和质量。

6.2　Windsurf 测试驱动开发实战

测试驱动开发（Test-Driven Development，TDD）是一种先编写测试，再实现功能的开发方法。借助Windsurf平台的AI能力，TDD的实施变得更加高效和智能。接下来将通过待办清单应用案例，展示如何使用Windsurf平台实践测试驱动开发，包括从测试规划到功能实现的全流程。

6.2.1　待办清单功能测试规划

待办清单应用的功能测试应涵盖核心功能点和用户交互流程，确保应用在各种场景下都能正常工作。

步骤1：首先打开Windsurf编辑器，在Windsurf编辑器的主界面中，找到并单击"Open Folder"（打开文件夹）按钮以触发文件浏览窗口。接下来浏览到实战中创建的ToDoList文件夹，并选择它（见图6-4）。

图 6-4　单击 Open Folder 按钮

221

步骤2：在侧边栏的输入框中输入以下内容："为待办清单应用设计一套测试用例，覆盖以下功能：①任务添加功能，包括正常添加和空输入验证；②任务删除功能，验证单个任务删除和确认对话框；③任务状态切换，检查完成状态的正确切换；④筛选功能，验证全部、待办和已完成三种筛选视图；数据持久化功能，确保刷新页面后数据不丢失；⑤导入/导出功能的正确性。请使用Jest测试框架，提供详细的测试描述"。并单击"发送"按钮。

Windsur会根据要求生成对应的代码，单击"Accept flie"按钮。首先，创建一个 package. json 文件来管理依赖。

```json
{
  "name": "todo-list-app",
  "version": "1.0.0",
  "description": "A simple todo list application",
  "main": "script.js",
  "scripts": {
    "test": "jest",
    "test:watch": "jest --watch",
    "test:coverage": "jest --coverage"
  },
  "devDependencies": {
    "@babel/core": "^7.23.5",
    "@babel/preset-env": "^7.23.5",
    "babel-jest": "^29.7.0",
    "jest": "^29.7.0",
    "jest-environment-jsdom": "^29.7.0"
  },
  "jest": {
    "testEnvironment": "jsdom",
    "moduleNameMapper": {
      "\\.(css|less|scss|sass)$": "identity-obj-proxy"
    },
    "setupFilesAfterEnv": ["<rootDir>/jest.setup.js"]
  },
  "browserslist": [
    "defaults"
  ]
}
```

步骤3：然后创建Jest的配置文件。

```js
// 设置 Jest 的全局变量
import '@testing-library/jest-dom';

// 模拟 localStorage
const localStorageMock = {
  getItem: jest.fn(),
  setItem: jest.fn(),
  clear: jest.fn(),
  removeItem: jest.fn(),
};
global.localStorage = localStorageMock;

// 模拟 window.confirm
window.confirm = jest.fn(() => true);
```

```
// 模拟 DOM
const { JSDOM } = require('jsdom');
const dom = new JSDOM('<!DOCTYPE html><html><body></body></html>');
global.document = dom.window.document;
global.window = dom.window;

// 导入测试中需要的 DOM 方法
global.document.body.innerHTML = `
  <div id="app">
    <h1> 待办事项 </h1>
    <div class="todo-container">
      <div class="todo-header">
        <input type="text" id="taskInput" placeholder=" 添加新任务……">
        <button id="addTask"> 添加 </button>
      </div>
      <div class="todo-filters">
        <button class="filter-btn active" data-filter="all"> 全部 </button>
        <button class="filter-btn" data-filter="active"> 待办 </button>
        <button class="filter-btn" data-filter="completed"> 已完成 </button>
      </div>
      <ul id="taskList"></ul>
      <div class="todo-actions">
        <button id="exportTasks"> 导出 </button>
        <input type="file" id="importTasks" accept=".json" style="display:
none;">
        <button id="importBtn"> 导入 </button>
      </div>
    </div>
  </div>
  `;

// 导入应用代码
require('./script');
```

步骤4：创建测试文件，覆盖所有要求的功能。

```
// 导入测试所需的 DOM 方法
import '@testing-library/jest-dom';

// 在每个测试之前重置 DOM 和 localStorage
beforeEach(() => {
  document.body.innerHTML = `
    <div id="app">
      <h1> 待办事项 </h1>
      <div class="todo-container">
        <div class="todo-header">
          <input type="text" id="taskInput" placeholder=" 添加新任务……">
          <button id="addTask"> 添加 </button>
        </div>
        <div class="todo-filters">
          <button class="filter-btn active" data-filter="all"> 全部 </button>
          <button class="filter-btn" data-filter="active"> 待办 </button>
          <button class="filter-btn" data-filter="completed"> 已完成 </button>
        </div>
        <ul id="taskList"></ul>
        <div class="todo-actions">
          <button id="exportTasks"> 导出 </button>
```

```
                    <input type="file" id="importTasks" accept=".json" style="display:
none;">
                <button id="importBtn">导入</button>
            </div>
          </div>
        </div>
    `;

    // 重新加载应用代码
    jest.resetModules();
    require('../script');

    // 重置 localStorage 模拟
    localStorage.clear();
    jest.clearAllMocks();
});

// 1. 测试任务添加功能
describe('任务添加功能', () => {
  test('应该能正常添加任务', () => {
    const taskInput = document.getElementById('taskInput');
    const addButton = document.getElementById('addTask');
    const taskList = document.getElementById('taskList');

    // 模拟用户输入
    taskInput.value = '测试任务';

    // 触发单击事件
    addButton.click();

    // 验证任务是否被添加到 DOM
    expect(taskList.children).toHaveLength(1);
    expect(taskList.firstChild).toHaveTextContent('测试任务');

    // 验证输入框是否被清空
    expect(taskInput.value).toBe('');
  });

  test('不应该添加空任务', () => {
    const taskInput = document.getElementById('taskInput');
    const addButton = document.getElementById('addTask');
    const taskList = document.getElementById('taskList');

    // 模拟空输入
    taskInput.value = '   ';
    addButton.click();

    // 验证没有任务被添加
    expect(taskList.children).toHaveLength(0);
  });
});

// 2. 测试任务删除功能
describe('任务删除功能', () => {
  test('应该能删除任务', () => {
    const taskInput = document.getElementById('taskInput');
    const addButton = document.getElementById('addTask');
```

```javascript
    const taskList = document.getElementById('taskList');

    // 添加一个任务
    taskInput.value = '要删除的任务';
    addButton.click();

    // 模拟确认对话框返回 true
    window.confirm.mockReturnValueOnce(true);

    // 单击删除按钮
    const deleteButton = taskList.querySelector('.delete-btn');
    deleteButton.click();

    // 验证任务是否被删除
    expect(taskList.children).toHaveLength(0);
    expect(window.confirm).toHaveBeenCalledWith('确定要删除这个任务吗？');
  });

  test('取消删除应该保留任务', () => {
    const taskInput = document.getElementById('taskInput');
    const addButton = document.getElementById('addTask');
    const taskList = document.getElementById('taskList');

    // 添加一个任务
    taskInput.value = '保留的任务';
    addButton.click();

    // 模拟确认对话框返回 false
    window.confirm.mockReturnValueOnce(false);

    // 单击删除按钮
    const deleteButton = taskList.querySelector('.delete-btn');
    deleteButton.click();

    // 验证任务是否被保留
    expect(taskList.children).toHaveLength(1);
    expect(taskList.firstChild).toHaveTextContent('保留的任务');
  });
});

// 3. 测试任务状态切换
describe('任务状态切换', () => {
  test('应该能切换任务完成状态', () => {
    const taskInput = document.getElementById('taskInput');
    const addButton = document.getElementById('addTask');
    const taskList = document.getElementById('taskList');

    // 添加一个任务
    taskInput.value = '测试任务';
    addButton.click();

    // 获取任务元素和复选框
    const taskItem = taskList.firstChild;
    const checkbox = taskItem.querySelector('input[type="checkbox"]');

    // 初始状态应该是未完成
    expect(checkbox.checked).toBe(false);
```

```
        expect(taskItem).not.toHaveClass('completed');

        // 切换为完成
        checkbox.checked = true;
        checkbox.dispatchEvent(new Event('change'));

        // 验证状态已更新
        expect(checkbox.checked).toBe(true);
        expect(taskItem).toHaveClass('completed');

        // 切换回未完成
        checkbox.checked = false;
        checkbox.dispatchEvent(new Event('change'));

        // 验证状态已更新
        expect(checkbox.checked).toBe(false);
        expect(taskItem).not.toHaveClass('completed');
    });
});

// 4. 测试筛选功能
describe(' 筛选功能 ', () => {
    beforeEach(() => {
        // 添加多个任务，包括已完成和未完成的
        const taskInput = document.getElementById('taskInput');
        const addButton = document.getElementById('addTask');
        const taskList = document.getElementById('taskList');

        // 添加两个任务
        taskInput.value = ' 未完成任务 1';
        addButton.click();
        taskInput.value = ' 已完成任务 1';
        addButton.click();

        // 将第二个任务标记为完成
        const checkboxes = taskList.querySelectorAll('input[type="checkbox"]');
        checkboxes[1].checked = true;
        checkboxes[1].dispatchEvent(new Event('change'));
    });

    test(' 应该显示所有任务 ', () => {
        const allFilter = document.querySelector('[data-filter="all"]');
        const taskItems = document.querySelectorAll('#taskList li');

        allFilter.click();

        // 应该显示两个任务
        expect(taskItems).toHaveLength(2);
    });

    test(' 应该只显示未完成任务 ', () => {
        const activeFilter = document.querySelector('[data-filter="active"]');

        activeFilter.click();

        // 应该只显示 1 个未完成任务
        const visibleTasks = Array.from(document.querySelectorAll('#taskList li'))
```

```
      .filter(li => !li.classList.contains('hidden'));
    expect(visibleTasks).toHaveLength(1);
    expect(visibleTasks[0]).toHaveTextContent('未完成任务1');
  });

  test('应该只显示已完成任务', () => {
    const completedFilter = document.querySelector('[data-filter="completed"]');

    completedFilter.click();

    // 应该只显示1个已完成任务
    const visibleTasks = Array.from(document.querySelectorAll('#taskList li'))
      .filter(li => !li.classList.contains('hidden'));
    expect(visibleTasks).toHaveLength(1);
    expect(visibleTasks[0]).toHaveTextContent('已完成任务1');
  });
});

// 5. 测试数据持久化
describe('数据持久化', () => {
  test('应该将任务保存到localStorage', () => {
    const taskInput = document.getElementById('taskInput');
    const addButton = document.getElementById('addTask');

    // 添加一个任务
    taskInput.value = '持久化测试任务';
    addButton.click();

    // 验证localStorage.setItem被调用
    expect(localStorage.setItem).toHaveBeenCalledWith(
      'tasks',
      expect.any(String)
    );

    // 验证保存的数据结构
    const savedData = JSON.parse(localStorage.setItem.mock.calls[0][1]);
    expect(savedData).toHaveLength(1);
    expect(savedData[0].text).toBe('持久化测试任务');
    expect(savedData[0].completed).toBe(false);
  });

  test('应该从localStorage加载任务', () => {
    // 模拟localStorage中有数据
    const mockTasks = [
      { id: '1', text: '已保存的任务1', completed: false },
      { id: '2', text: '已保存的任务2', completed: true }
    ];
    localStorage.setItem('tasks', JSON.stringify(mockTasks));

    // 重新加载应用
    jest.resetModules();
    require('../script');

    // 验证任务是否被正确加载
    const taskList = document.getElementById('taskList');
    expect(taskList.children).toHaveLength(2);
    expect(taskList.children[0]).toHaveTextContent('已保存的任务1');
```

```
      expect(taskList.children[1]).toHaveTextContent('已保存的任务 2');
  });
});

// 6. 测试导入导出功能
describe(' 导入导出功能 ', () => {
  test(' 应该能导出任务 ', () => {
    // 模拟单击导出按钮
    const exportButton = document.getElementById('exportTasks');

    // 添加一个任务
    const taskInput = document.getElementById('taskInput');
    const addButton = document.getElementById('addTask');
    taskInput.value = ' 测试导出任务 ';
    addButton.click();

    // 模拟创建对象 URL 和下载
    const mockCreateObjectURL = jest.fn(() => 'blob:test');
    global.URL.createObjectURL = mockCreateObjectURL;

    // 模拟创建和单击下载链接
    const mockClick = jest.fn();
    const originalCreateElement = document.createElement;
    document.createElement = jest.fn((tagName) => {
      if (tagName === 'a') {
        return { click: mockClick, download: '', href: '' };
      }
      return originalCreateElement(tagName);
    });

    // 触发导出
    exportButton.click();

    // 验证导出功能
    expect(mockCreateObjectURL).toHaveBeenCalled();
    expect(mockClick).toHaveBeenCalled();
  });

  test(' 应该能导入任务 ', () => {
    // 模拟文件输入
    const fileInput = document.getElementById('importTasks');
    const importButton = document.getElementById('importBtn');

    // 创建模拟的 JSON 文件
    const mockFile = new Blob([JSON.stringify([
      { id: '1', text: ' 导入的任务 1', completed: false },
      { id: '2', text: ' 导入的任务 2', completed: true }
    ])], { type: 'application/json' });

    // 模拟文件选择
    const mockFileList = {
      0: mockFile,
      length: 1,
      item: () => mockFile
    };

    // 触发文件选择
```

```
    fileInput.files = mockFileList;
    fileInput.dispatchEvent(new Event('change'));

    // 验证任务是否被正确导入
    const taskList = document.getElementById('taskList');
    expect(taskList.children).toHaveLength(2);
    expect(taskList.children[0]).toHaveTextContent('导入的任务1');
    expect(taskList.children[1]).toHaveTextContent('导入的任务2');
  });
});
```

步骤5：接下来运行测试，首先安装项目依赖。在项目根目录下打开命令行，并运行以下命令。

```
npm install
```

此时会安装所有必要的依赖包，包括Jest测试框架和其他相关工具。安装完依赖后，使用以下命令运行测试。

```
npm test
```

测试运行后，将在控制台看到类似如下输出。

```
Test Suites: 6 passed, 6 total
Tests:       12 passed, 12 total
Snapshots:   0 total
Time:        2.345 s
```

如果测试失败，Jest会显示详细的错误信息，帮助定位问题。

通过以上步骤，创建了待办清单应用的基础测试框架和核心功能测试用例。这些测试用例定义了应用的关键行为，包括任务添加、删除、状态切换和筛选功能，为后续的实现提供了明确的目标和验证机制。

6.2.2　任务状态与存储验证

在待办清单应用中，任务状态的管理和数据的持久化构成了其核心功能，这两部分功能的稳定性和可靠性对于整个应用的性能至关重要。因此，为了确保应用的高效运行和用户数据的安全，必须对任务状态管理和数据持久化进行详尽的测试和验证工作。

步骤1：在侧边栏的输入框中输入以下内容："创建针对待办清单应用的数据持久化和任务状态管理的测试用例，需要测试：①localStorage的保存和加载功能；②数据导入/导出功能；③任务完成状态的切换和保持；④重启应用后状态恢复；⑤保持筛选器状态。请使用Jest框架，并确保测试的独立性和可重复性"。单击"发送"按钮。

Windsur会根据要求生成对应的代码，单击"Accept flie"按钮。创建persistence.test.js文件进行数据持久化和任务状态管理的测试。

```
// 导入测试所需的 DOM 方法
import '@testing-library/jest-dom';

// 模拟 localStorage
const localStorageMock = (() => {
```

229

```
      let store = {};
      return {
        getItem: jest.fn((key) => store[key] || null),
        setItem: jest.fn((key, value) => {
          store[key] = value.toString();
        }),
        removeItem: jest.fn((key) => {
          delete store[key];
        }),
        clear: jest.fn(() => {
          store = {};
        }),
      };
    })();

    // 模拟 window.confirm
    const confirmMock = jest.fn(() => true);

    describe('待办清单数据持久化测试', () => {
      let originalLocalStorage;
      let originalConfirm;

      beforeAll(() => {
        // 保存原始的 localStorage 和 confirm
        originalLocalStorage = global.localStorage;
        originalConfirm = window.confirm;

        // 模拟 localStorage 和 confirm
        Object.defineProperty(global, 'localStorage', {
          value: localStorageMock,
          configurable: true,
        });

        window.confirm = confirmMock;
      });

      beforeEach(() => {
        // 重置 DOM
        document.body.innerHTML = `
          <div id="app">
            <h1>待办事项</h1>
            <div class="todo-container">
              <div class="todo-header">
                <input type="text" id="taskInput" placeholder="添加新任务……">
                <button id="addTask">添加</button>
              </div>
              <div class="todo-filters">
                <button class="filter-btn active" data-filter="all">全部</button>
                <button class="filter-btn" data-filter="active">待办</button>
                <button class="filter-btn" data-filter="completed">已完成</button>
              </div>
              <ul id="taskList"></ul>
              <div class="todo-actions">
                <button id="exportTasks">导出</button>
                <input type="file" id="importTasks" accept=".json" style="display:
none;">
                <button id="importBtn">导入</button>
              </div>
```

```
        </div>
      </div>
    `;

    // 重置模拟函数
    localStorageMock.clear();
    jest.clearAllMocks();

    // 重新加载应用代码
    jest.resetModules();
    require('../script');
});

afterAll(() => {
    // 恢复原始的 localStorage 和 confirm
    Object.defineProperty(global, 'localStorage', {
        value: originalLocalStorage,
    });
    window.confirm = originalConfirm;
});

// 1. 测试 localStorage 保存和加载功能
describe('localStorage 保存和加载功能', () => {
    test('应该将任务保存到 localStorage', () => {
        const taskInput = document.getElementById('taskInput');
        const addButton = document.getElementById('addTask');

        // 添加一个任务
        taskInput.value = '测试任务';
        addButton.click();

        // 验证 localStorage.setItem 被调用
        expect(localStorage.setItem).toHaveBeenCalledWith(
            'tasks',
            expect.any(String)
        );

        // 验证保存的数据结构
        const savedData = JSON.parse(localStorage.setItem.mock.calls[0][1]);
        expect(savedData).toHaveLength(1);
        expect(savedData[0]).toHaveProperty('id');
        expect(savedData[0].text).toBe('测试任务');
        expect(savedData[0].completed).toBe(false);
    });

    test('应该从 localStorage 加载任务', () => {
        // 模拟 localStorage 中有数据
        const mockTasks = [
            { id: '1', text: '已保存的任务 1', completed: false },
            { id: '2', text: '已保存的任务 2', completed: true }
        ];
        localStorage.setItem('tasks', JSON.stringify(mockTasks));

        // 重新加载应用
        jest.resetModules();
        require('../script');
```

```
        // 验证任务是否被正确加载
        const taskList = document.getElementById('taskList');
        expect(taskList.children).toHaveLength(2);
        expect(taskList.children[0]).toHaveTextContent('已保存的任务1');
        expect(taskList.children[1]).toHaveTextContent('已保存的任务2');

        // 验证完成状态是否正确
        expect(taskList.children[0].querySelector('input[type="checkbox"]').
checked).toBe(false);
        expect(taskList.children[1].querySelector('input[type="checkbox"]').
checked).toBe(true);
    });
});

// 2. 测试数据导入、导出功能
describe('数据导入、导出功能', () => {
  let originalCreateObjectURL;
  let mockCreateObjectURL;

  beforeAll(() => {
    // 模拟URL.createObjectURL
    originalCreateObjectURL = global.URL.createObjectURL;
    mockCreateObjectURL = jest.fn(() => 'blob:test');
    global.URL.createObjectURL = mockCreateObjectURL;
  });

  afterAll(() => {
    // 恢复原始的createObjectURL
    global.URL.createObjectURL = originalCreateObjectURL;
  });

  test('应该能正确导出任务', () => {
    // 模拟单击导出按钮
    const exportButton = document.getElementById('exportTasks');

    // 添加一个任务
    const taskInput = document.getElementById('taskInput');
    const addButton = document.getElementById('addTask');
    taskInput.value = '测试导出任务';
    addButton.click();

    // 模拟创建和单击下载链接
    const mockClick = jest.fn();
    const originalCreateElement = document.createElement;
    document.createElement = jest.fn((tagName) => {
      if (tagName === 'a') {
        return { click: mockClick, download: '', href: '' };
      }
      return originalCreateElement(tagName);
    });

    // 触发导出
    exportButton.click();

    // 验证导出功能
    expect(mockCreateObjectURL).toHaveBeenCalled();
    expect(mockClick).toHaveBeenCalled();
```

```javascript
    // 恢复原始的 createElement
    document.createElement = originalCreateElement;
  });

  test(' 应该能正确导入任务 ', () => {
    // 模拟文件输入
    const fileInput = document.getElementById('importTasks');
    const importButton = document.getElementById('importBtn');

    // 创建模拟的 JSON 文件
    const mockFile = new Blob([JSON.stringify([
      { id: '1', text: ' 导入的任务 1', completed: false },
      { id: '2', text: ' 导入的任务 2', completed: true }
    ])], { type: 'application/json' });

    // 模拟文件选择
    const mockFileList = {
      0: mockFile,
      length: 1,
      item: () => mockFile
    };

    // 模拟 FileReader
    const mockFileReader = {
      readAsText: jest.fn(),
      result: JSON.stringify([
        { id: '1', text: ' 导入的任务 1', completed: false },
        { id: '2', text: ' 导入的任务 2', completed: true }
      ]),
      onload: null,
    };

    // 模拟 FileReader 构造函数
    global.FileReader = jest.fn(() => mockFileReader);

    // 触发文件选择
    fileInput.files = mockFileList;
    fileInput.dispatchEvent(new Event('change'));

    // 手动触发 onload 事件
    mockFileReader.onload();

    // 验证任务是否被正确导入
    const taskList = document.getElementById('taskList');
    expect(taskList.children).toHaveLength(2);
    expect(taskList.children[0]).toHaveTextContent(' 导入的任务 1');
    expect(taskList.children[1]).toHaveTextContent(' 导入的任务 2');

    // 验证 localStorage 是否已更新
    expect(localStorage.setItem).toHaveBeenCalled();
  });
});

// 3. 测试任务完成状态的切换和保持
describe(' 任务完成状态管理 ', () => {
  test(' 应该能切换任务完成状态并保持 ', () => {
```

```
        // 添加一个任务
        const taskInput = document.getElementById('taskInput');
        const addButton = document.getElementById('addTask');
        taskInput.value = '测试任务状态';
        addButton.click();

        const taskList = document.getElementById('taskList');
        const taskItem = taskList.firstChild;
        const checkbox = taskItem.querySelector('input[type="checkbox"]');

        // 初始状态应该是未完成
        expect(checkbox.checked).toBe(false);

        // 切换为完成
        checkbox.checked = true;
        checkbox.dispatchEvent(new Event('change'));

        // 验证状态已更新
        expect(checkbox.checked).toBe(true);

        // 验证 localStorage 是否已更新
        const savedData = JSON.parse(localStorage.setItem.mock.calls[1][1]);
        expect(savedData[0].completed).toBe(true);

        // 模拟页面刷新
        jest.resetModules();
        require('../script');

        // 验证状态是否保持
        const refreshedCheckbox = document.querySelector('#taskList
input[type="checkbox"]');
        expect(refreshedCheckbox.checked).toBe(true);
    });
});

// 4. 测试重启应用后状态恢复
describe('重启应用后状态恢复', () => {
    test('应该恢复所有任务及其状态', () => {
        // 模拟 localStorage 中有数据
        const mockTasks = [
            { id: '1', text: '任务1', completed: false },
            { id: '2', text: '任务2', completed: true },
            { id: '3', text: '任务3', completed: false }
        ];
        localStorage.setItem('tasks', JSON.stringify(mockTasks));

        // 模拟筛选器状态
        localStorage.setItem('filter', 'active');

        // 重新加载应用
        jest.resetModules();
        require('../script');

        // 验证任务是否被正确恢复
        const taskList = document.getElementById('taskList');
        expect(taskList.children).toHaveLength(3);
```

```
        // 验证任务状态
        const checkboxes = taskList.querySelectorAll('input[type="checkbox"]');
        expect(checkboxes[0].checked).toBe(false);
        expect(checkboxes[1].checked).toBe(true);
        expect(checkboxes[2].checked).toBe(false);

        // 验证筛选器状态
        const activeFilter = document.querySelector('[data-filter="active"]');
        expect(activeFilter).toHaveClass('active');
    });
});

// 5. 测试筛选器状态保持
describe(' 筛选器状态保持 ', () => {
    test(' 应该保持筛选器状态 ', () => {
        // 模拟 localStorage 中的筛选器状态
        localStorage.setItem('filter', 'completed');

        // 重新加载应用
        jest.resetModules();
        require('../script');

        // 验证筛选器状态
        const completedFilter = document.querySelector('[data-
filter="completed"]');
        expect(completedFilter).toHaveClass('active');

        // 切换筛选器
        const allFilter = document.querySelector('[data-filter="all"]');
        allFilter.click();

        // 验证 localStorage 是否已更新
        expect(localStorage.setItem).toHaveBeenCalledWith('filter', 'all');
    });
});
});
```

步骤2：接下来运行测试，首先安装所有依赖，命令如下。

```
npm install
```

运行测试，命令如下。

```
npm test
```

生成测试覆盖率报告，命令如下。

```
npm run test:coverage
```

测试运行后，将在控制台看到类似如下输出。

```
------------------|---------|----------|---------|---------|-------------------
File              | % Stmts| % Branch| % Funcs| % Lines| Uncovered Line #s
------------------|---------|----------|---------|---------|-------------------
All files         |  92.75 |   82.14  |  85.71 |  92.75 |
 script.js        |  92.75 |   82.14  |  85.71 |  92.75 | 45-46,78-80,120-122
------------------|---------|----------|---------|---------|-------------------
```

通过对这两个核心测试文件的深入分析和应用，我们完成了待办清单应用的核心功能测试工作，并且顺利实现了这些功能的预期目标。

6.2.3　用户交互流程测试

在进行核心功能测试的同时，还需要验证用户界面和整个应用的交互流程，以确保应用不仅在功能上满足需求，而且在用户体验方面也能提供令人满意的表现。

步骤1：在侧边栏的输入框中输入以下内容："创建待办清单应用的用户界面和交互流程测试。需要测试：①任务添加交互，包括输入框、添加按钮和键盘事件；②任务状态切换交互，单击复选框，更新视觉样式；③删除任务交互和确认对话框；④筛选按钮交互和视图切换；⑤主题切换功能；⑥空状态提示显示。请使用Jest和Testing Library实现这些测试"。单击"发送"按钮。

Windsurf会根据要求生成对应的代码，单击"Accept flie"按钮。创建ui.interaction.test.js文件，使用@testing-library/react 和 @testing-library/user-event 来测试用户界面和交互流程。

```
// 导入测试所需的库
import '@testing-library/jest-dom';
import { render, screen, fireEvent, waitFor } from '@testing-library/dom';
import userEvent from '@testing-library/user-event';

// 模拟localStorage
const localStorageMock = (() => {
  let store = {};
  return {
    getItem: jest.fn((key) => store[key] || null),
    setItem: jest.fn((key, value) => {
      store[key] = value.toString();
    }),
    removeItem: jest.fn((key) => {
      delete store[key];
    }),
    clear: jest.fn(() => {
      store = {};
    }),
  };
})();

// 模拟window.matchMedia
Object.defineProperty(window, 'matchMedia', {
  writable: true,
  value: jest.fn().mockImplementation(query => ({
    matches: false,
    media: query,
    onchange: null,
    addListener: jest.fn(),
    removeListener: jest.fn(),
    addEventListener: jest.fn(),
    removeEventListener: jest.fn(),
    dispatchEvent: jest.fn(),
  })),
});
```

```
describe(' 待办清单 UI 交互测试 ', () => {
  let originalLocalStorage;
  let originalConfirm;
  let user;

  beforeAll(() => {
    // 保存原始对象
    originalLocalStorage = global.localStorage;
    originalConfirm = window.confirm;

    // 模拟 localStorage 和 confirm
    Object.defineProperty(global, 'localStorage', {
      value: localStorageMock,
      configurable: true,
    });

    window.confirm = jest.fn(() => true);

    // 初始化用户事件
    user = userEvent.setup();
  });

  beforeEach(() => {
    // 重置 DOM
    document.body.innerHTML = `
      <div id="app">
        <header class="app-header">
          <h1> 待办事项 </h1>
          <button id="themeToggle" aria-label=" 切换主题 "> </button>
        </header>
        <div class="todo-container">
          <div class="todo-header">
            <input
              type="text"
              id="taskInput"
              placeholder=" 添加新任务…… "
              aria-label=" 新任务输入框 "
            >
            <button id="addTask" aria-label=" 添加任务 "> 添加 </button>
          </div>

          <div class="todo-filters" role="tablist">
            <button
              class="filter-btn active"
              data-filter="all"
              role="tab"
              aria-selected="true"
              aria-controls="taskList"
            >
              全部
            </button>
            <button
              class="filter-btn"
              data-filter="active"
              role="tab"
              aria-selected="false"
              aria-controls="taskList"
```

237

```
      >
        待办
      </button>
      <button
        class="filter-btn"
        data-filter="completed"
        role="tab"
        aria-selected="false"
        aria-controls="taskList"
      >
        已完成
      </button>
    </div>

    <ul id="taskList" class="task-list" role="list">
      <!-- 任务列表将在这里动态生成 -->
    </ul>

    <div class="empty-state" id="emptyState" style="display: none;">
      <p>暂无任务，请添加一个任务吧！</p>
    </div>

    <div class="todo-actions">
      <button id="exportTasks" aria-label="导出任务">导出</button>
      <input
        type="file"
        id="importTasks"
        accept=".json"
        style="display: none;"
        aria-label="导入任务"
      >
      <button id="importBtn" aria-label="导入任务">导入</button>
    </div>
   </div>
  </div>
 `;

  // 重置模拟函数
  localStorageMock.clear();
  jest.clearAllMocks();

  // 重新加载应用代码
  jest.resetModules();
  require('../script');
});

afterAll(() => {
  // 恢复原始对象
  Object.defineProperty(global, 'localStorage', {
    value: originalLocalStorage,
  });
  window.confirm = originalConfirm;
});

// 1. 测试任务添加交互
describe('任务添加交互', () => {
  test('应该通过添加按钮添加任务', async () => {
```

238

```
    const taskInput = screen.getByPlaceholderText(' 添加新任务……');
    const addButton = screen.getByText(' 添加 ');

    // 输入任务并单击添加按钮
    await user.type(taskInput, ' 新任务 ');
    await user.click(addButton);

    // 验证任务是否添加到列表
    const taskItem = screen.getByText(' 新任务 ');
    expect(taskItem).toBeInTheDocument();

    // 验证输入框是否清空
    expect(taskInput.value).toBe('');
  });

  test(' 应该通过按 Enter 键添加任务 ', async () => {
    const taskInput = screen.getByPlaceholderText(' 添加新任务……');

    // 输入任务并按 Enter 键
    await user.type(taskInput, ' 通过 Enter 添加的任务 {enter}');

    // 验证任务是否添加到列表
    const taskItem = screen.getByText(' 通过 Enter 添加的任务 ');
    expect(taskItem).toBeInTheDocument();
  });

  test(' 不应该添加空任务 ', async () => {
    const taskInput = screen.getByPlaceholderText(' 添加新任务……');
    const addButton = screen.getByText(' 添加 ');

    // 尝试添加空任务
    await user.type(taskInput, '    ');
    await user.click(addButton);

    // 验证没有任务被添加
    const taskItems = screen.queryAllByRole('listitem');
    expect(taskItems).toHaveLength(0);
  });
});

// 2. 测试任务状态切换交互
describe(' 任务状态切换 ', () => {
  beforeEach(async () => {
    // 添加一个测试任务
    const taskInput = screen.getByPlaceholderText(' 添加新任务……');
    const addButton = screen.getByText(' 添加 ');
    await user.type(taskInput, ' 待办任务 ');
    await user.click(addButton);
  });

  test(' 应该能够切换任务完成状态 ', async () => {
    // 获取复选框
    const checkbox = screen.getByRole('checkbox');
    const taskItem = checkbox.closest('li');

    // 初始状态应该是未完成
    expect(checkbox).not.toBeChecked();
```

```
        expect(taskItem).not.toHaveClass('completed');

        // 切换为完成
        await user.click(checkbox);

        // 验证状态已更新
        expect(checkbox).toBeChecked();
        expect(taskItem).toHaveClass('completed');

        // 切换回未完成
        await user.click(checkbox);

        // 验证状态已更新
        expect(checkbox).not.toBeChecked();
        expect(taskItem).not.toHaveClass('completed');
    });
});

// 3. 测试删除任务交互
describe('删除任务交互', () => {
  beforeEach(async () => {
    // 添加一个测试任务
    const taskInput = screen.getByPlaceholderText('添加新任务……');
    const addButton = screen.getByText('添加');
    await user.type(taskInput, '要删除的任务');
    await user.click(addButton);
  });

  test('应该显示确认对话框并删除任务', async () => {
    // 模拟确认对话框返回true
    window.confirm.mockReturnValueOnce(true);

    // 单击删除按钮
    const deleteButton = screen.getByLabelText('删除任务');
    await user.click(deleteButton);

    // 验证确认对话框被调用
    expect(window.confirm).toHaveBeenCalledWith('确定要删除这个任务吗？');

    // 验证任务已被删除
    const taskItem = screen.queryByText('要删除的任务');
    expect(taskItem).not.toBeInTheDocument();
  });

  test('取消删除应该保留任务', async () => {
    // 模拟确认对话框返回false
    window.confirm.mockReturnValueOnce(false);

    // 单击删除按钮
    const deleteButton = screen.getByLabelText('删除任务');
    await user.click(deleteButton);

    // 验证任务未被删除
    const taskItem = screen.getByText('要删除的任务');
    expect(taskItem).toBeInTheDocument();
  });
});
```

```
// 4. 测试筛选按钮交互
describe(' 筛选器交互 ', () => {
  beforeEach(async () => {
    // 添加多个测试任务
    const taskInput = screen.getByPlaceholderText(' 添加新任务…… ');
    const addButton = screen.getByText(' 添加 ');

    // 添加两个任务
    await user.type(taskInput, ' 未完成任务 ');
    await user.click(addButton);

    await user.type(taskInput, ' 已完成任务 ');
    await user.click(addButton);

    // 将第二个任务标记为完成
    const checkboxes = screen.getAllByRole('checkbox');
    await user.click(checkboxes[1]);
  });

  test(' 应该能够切换不同的筛选视图 ', async () => {
    // 获取筛选按钮
    const allFilter = screen.getByRole('tab', { name: / 全部 / });
    const activeFilter = screen.getByRole('tab', { name: / 待办 / });
    const completedFilter = screen.getByRole('tab', { name: / 已完成 / });

    // 初始应该显示 " 全部 " 筛选器
    expect(allFilter).toHaveAttribute('aria-selected', 'true');

    // 切换到 " 待办 " 筛选器
    await user.click(activeFilter);
    expect(activeFilter).toHaveAttribute('aria-selected', 'true');

    // 应该只显示未完成任务
    const activeTasks = screen.getAllByRole('listitem');
    expect(activeTasks).toHaveLength(1);
    expect(activeTasks[0]).toHaveTextContent(' 未完成任务 ');

    // 切换到 " 已完成 " 筛选器
    await user.click(completedFilter);
    expect(completedFilter).toHaveAttribute('aria-selected', 'true');

    // 应该只显示已完成任务
    const completedTasks = screen.getAllByRole('listitem');
    expect(completedTasks).toHaveLength(1);
    expect(completedTasks[0]).toHaveTextContent(' 已完成任务 ');

    // 切换回 " 全部 " 筛选器
    await user.click(allFilter);
    expect(allFilter).toHaveAttribute('aria-selected', 'true');

    // 应该显示所有任务
    const allTasks = screen.getAllByRole('listitem');
    expect(allTasks).toHaveLength(2);
  });
});
```

```javascript
// 5. 测试主题切换功能
describe(' 主题切换 ', () => {
  test(' 应该能够切换主题 ', async () => {
    // 获取主题切换按钮
    const themeToggle = screen.getByLabelText(' 切换主题 ');
    const app = document.documentElement;

    // 初始主题
    expect(app.getAttribute('data-theme')).toBe('light');

    // 切换主题
    await user.click(themeToggle);
    expect(app.getAttribute('data-theme')).toBe('dark');

    // 再次切换主题
    await user.click(themeToggle);
    expect(app.getAttribute('data-theme')).toBe('light');
  });

  test(' 应该保存主题偏好到 localStorage', async () => {
    const themeToggle = screen.getByLabelText(' 切换主题 ');

    // 切换主题
    await user.click(themeToggle);

    // 验证 localStorage 是否已更新
    expect(localStorage.setItem).toHaveBeenCalledWith('theme', 'dark');
  });
});

// 6. 测试空状态提示
describe(' 空状态提示 ', () => {
  test(' 没有任务时应该显示空状态提示 ', () => {
    // 空状态提示应该显示
    const emptyState = screen.getByText(' 暂无任务，请添加一个任务吧！');
    expect(emptyState).toBeInTheDocument();

    // 添加一个任务
    const taskInput = screen.getByPlaceholderText(' 添加新任务…… ');
    const addButton = screen.getByText(' 添加 ');
    userEvent.type(taskInput, ' 测试任务 ');
    userEvent.click(addButton);

    // 空状态提示应该隐藏
    expect(emptyState).not.toBeVisible();

    // 删除任务
    const deleteButton = screen.getByLabelText(' 删除任务 ');
    window.confirm.mockReturnValueOnce(true);
    userEvent.click(deleteButton);

    // 空状态提示应该再次显示
    expect(emptyState).toBeVisible();
  });

  test(' 切换筛选器时应该正确显示空状态 ', async () => {
    // 添加一个已完成的任务
```

```
    const taskInput = screen.getByPlaceholderText(' 添加新任务……');
    const addButton = screen.getByText(' 添加 ');
    await user.type(taskInput, ' 已完成任务 ');
    await user.click(addButton);

    // 标记为完成
    const checkbox = screen.getByRole('checkbox');
    await user.click(checkbox);

    // 切换到 " 待办 " 筛选器
    const activeFilter = screen.getByRole('tab', { name: / 待办 / });
    await user.click(activeFilter);

    // 应该显示空状态提示
    const emptyState = screen.getByText(' 暂无待办任务 ');
    expect(emptyState).toBeInTheDocument();
    });
  });
});
```

步骤2：接下来运行测试，首先安装所有依赖，命令如下。

```
npm install
```

运行UI交互测试，命令如下。

```
npx jest __tests__/ui.interaction.test.js
```

生成覆盖率报告，命令如下。

```
npx jest --coverage __tests__/ui.interaction.test.js
```

通过这一系列测试代码的编写和功能实现，我们完成了待办清单应用的测试驱动开发，从最基础的功能测试到复杂的UI交互测试，全面验证了应用的各项功能和用户体验。这种测试先行的开发方式不仅确保了代码质量，还明确了各个功能的要求和实现方向，使整个开发过程更加清晰和可控。

Windsurf平台的AI辅助能力大大简化了测试用例的编写和功能实现过程，使开发者能够专注于业务逻辑和用户体验的设计，而不必过多关注底层实现细节。本节通过这个实例，展示了AI辅助的测试驱动开发如何提高开发效率和代码质量，为构建稳定可靠的Web应用提供了新的方法论和工具支持。

通过系统地学习以上内容，相信大家可以掌握AI辅助自动化测试的核心方法和实践技巧。从Cursor智能测试实战到Windsurf测试驱动开发，这些内容涵盖了现代软件开发中测试环节的关键技术和最佳实践。这些测试技能的掌握意味着开发者不仅能够编写功能代码，更能够确保代码质量和应用的稳定性。AI助手在测试用例生成、测试数据准备和测试结果分析等环节的应用，极大地提升了测试效率和测试覆盖率。

现代软件开发正迎来AI辅助编程工具与敏捷方法论的结合，Cursor与Windsurf平台通过AI驱动技术重塑了开发流程，实现快速构建全栈应用的目标。Cursor作为智能编程工具的代表，集成了机器学习与自然语言处理技术，提供革命性的编码体验。其核心优势包括直观的界面、丰富的API支持、团队协作功能和多语言环境适配。内置AI助手不仅提供代码补全功能，还能理解上下文并生成完整的代码片段，降低编程门槛。环境配置流程清晰，可快速部署开发环境，集成了依赖管理、版本控制及插件扩展功能，满足各类项目的需求。

Windsurf平台将AI技术融入开发流程，通过"所见即所得"的体验降低技术门槛。模块化架构涵盖项目管理、代码编辑、智能辅助、调试测试和部署发布；界面设计保留传统IDE的样式，同时增添AI特色功能；平台提供丰富的模板脚手架，并与主流代码仓库无缝连接；其最大亮点在于AI助手能将自然语言需求转化为代码实现，同时提供代码分析和自动测试功能，大幅减轻开发负担，操作直观、易上手，适合各层级的开发者。

Cursor和Windsurf这两款AI驱动平台显著提升了开发效率和代码质量，实现了快速应用开发。随着AI辅助工具的进化，人工智能与人类创造力的结合将成为软件工程的重要趋势，加速创新应用的落地。通过Cursor和Windsurf这两款AI驱动的开发平台，开发者能够显著提升编程效率和代码质量。随着AI辅助开发工具的不断进化，这种结合人工智能与人类创造力的开发模式将成为软件工程的新标准，为更多创新应用的快速实现提供了可能。